高等院校"十二五"应用型规划教材

信号与系统 实验与实践

第二版

王小扬 孙 强 王 琦 卢家凰 编著

南京大学出版社

内容提要

本书是《信号与系统》理论课程的配套实验和实践教材,包含了信号与系统课程组多年开发并应用于教学的 22 个实验与实践项目。全书共分四章:第 1 章实验技术基础包括 3 个实验,第 2 章、第 3 章包括了时域分析、卷积、电信号的合成与分解,频谱分析,系统测试,系统模拟,抽样定理等 15 个实验项目;第 4 章是课程设计,包括通信系统中调制信号的设计、用 MATLAB 验证 FDMA 原理、调频立体声广播仿真实现、股票市场(即离散信号)的线性预测等四个综合实践内容。

实验技术方面既有硬件设计与测试,也有使用 EWB、MATLAB、C 语言等软件平台的设计与应用。教材注重理论与实践相结合,技术实现,举例与原理描述紧密配合,条理清楚,深入浅出,便于自学。

本教材适用于高等院校电子工程、通信工程、自动控制、计算机科学与技术等专业本科生开设《信号与系统》等相关课程使用,也可供从事信号与系统分析、信号处理的科研与工程技术人员参考。

图书在版编目(CIP)数据

信号与系统实验与实践 / 王小扬等编著. — 南京:
南京大学出版社,2014.10(2018.3 修订重印)
ISBN 978 - 7 - 305 - 09557 - 3

Ⅰ. ①信⋯　Ⅱ. ①王⋯　Ⅲ. ①信号系统—实验—教材
Ⅳ. ①TN911.6 - 33

中国版本图书馆 CIP 数据核字(2012)第 001086 号

出版发行　南京大学出版社
社　　址　南京市汉口路 22 号　　　邮　编　210093
出 版 人　金鑫荣

书　　名　信号与系统实验与实践(第二版)
编　　著　王小扬　等
责任编辑　齐步坤　蔡文彬　　　编辑热线　025 - 83596997
照　　排　南京南琳图文制作有限公司
印　　刷　宜兴市盛世文化印刷有限公司
开　　本　787×1092　1/16　印张 12　字数 260 千
版　　次　2018 年 3 月第 2 版修订　2018 年 3 月第 1 次印刷
ISBN　978 - 7 - 305 - 09557 - 3
定　　价　30.00 元

网址:http://www.njupco.com
官方微博:http://weibo.com/njupco
微信服务号:njuyuexue
销售咨询热线:(025) 83594756

第二版修订前言

本书是 2012 年 3 月《信号与系统实验与实践》第一版及 2014 年第二版的修订版本。第二版在内容上覆盖了第一版的全部内容,在结构上保留了原书的特色。作为电类工科专业基础的实验、实践教材,根据近年来国家提出的对工科学生工程素质的要求,结合多年来编者与各位教师在使用本教材中的体会与学生对实验教材的要求,第二版教材作了以下的改写与修订。

在第一章的仪器使用部分中,作了以下三方面的修改:①在数字合成信号发生器、示波器等仪器的面板上直接标出仪器的系统结构分布,并以此展开对仪器系统结构的描述与使用说明,方便学生在理解中掌握对仪器的使用;②在仪器的使用说明中增加了十多个练习题,适当添加了思考题与实验题,旨在引导学生自学和预习;③对仪器在使用中的一些问题添加了一些说明,如对电源的使用增加了"面板各部件的使用须知"一节,总体上使学生进一步明晰仪器使用的思路,掌握仪器的使用方法。

本次修订一是采用二维码扫码形式,展示 F05 信号发生器、GOS620 示波器、DF1731SC2A 型直流稳压电源等三种仪器实际操作的示范视频,便于学生预习与掌握;二是对既有勘误的修正。

对第二章的大部分实验项目、第三章的两个实验项目在实验目的要求、实验原理描述、实验报告要求、实验案例分析、思考题等方面都作了适当的修改,使学生不仅从做实验中得到数据和实验结论,而且可以从实验过程中注意体会课程理念蕴涵的魅力,从对实验方案的选择与评价中注意实验方案在实验中的作用,以提高学生的自主学习、自主实验的能力。

希望此次修订能促进本教材更好地服务于信号与系统实验与实践教学。

编　者

2018 年 3 月

前　言

　　"信号与系统"课程已发展为高等院校电类各专业的一门重要的学科基础课程。本书是《信号与系统》理论课程的配套实验和实践教材,也是独立设课的"信号与系统实验"课的使用教材。多年来,为帮助学生掌握信号与系统的相关理论与概念,南京航空航天大学 402 教研室"信号与系统"课程组与南京航空航天大学电工电子实验中心开发了"信号与系统实验"课程的多个实验项目。部分实验项目编入教材《信号、系统与控制实验教程》(2004年由高等教育出版社出版),该教材已在南京航空航天大学电工电子实验中心与南京航空航天大学金城学院实验中心使用多年。本书总结了该教材多年使用的经验,对实验内容与要求进行了补充与删除,在实验技术基础部分增加了新的内容,在综合设计与实践部分设置了本课程的部分教学改革成果作为四个课程设计项目。本书是南京航空航天大学"信号与系统"课程教学改革的成果之一。

　　本实验教材旨在通过实验与实践巩固和加深学生对信号与系统基础理论和基本概念的理解,提高学生分析问题和解决问题的能力,培养学生良好的专业素质和实践能力。

　　信号与系统课程的特点是理论性较强,内容多且描述较抽象。本教材紧密配合信号与系统理论课程教学大纲,开发了 18 个实验项目与 4 个课程设计项目。每个实验既是独立的,又相互联系,内容由浅入深,循序渐进。在内容描述上,教材注重理论与实践相结合,技术实现、举例与原理描述紧密配合,条理清楚,力求浅显易懂,便于自学,便于操作,便于学生开发应用。

　　实验技术方面既有硬件设计与测试,也有使用 EWB、MATLAB、C 语言等软件平台的设计与应用。同一实验内容可以用不同的实验技术平台来实现。不仅加深了对研究问题的理解,而且提高了对实验平台的应用能力。

　　仪器使用是培养学生基本实验技能与动手能力的重要方面,也是工科学生必备的基本素质之一。在第 1.1.1 节,本教材汇总了与信号相关的各种测量参数,通过对实际的仪器使用与在 EWB 电子工作平台上的使用,进一步提高学生对信号测量技术与常用仪器使用方法的掌握。

实验方法上，注意将最方便的实验工具、实验平台引入信号与系统的实验与实践，着眼尽快上手，边学习边应用。在1.4信号运算实验中，开发了EWB中非线性相关源的功能，可以方便使快捷地实现对连续信号的采样与对信号的各种运算，减少电路的调试时间，使实验者把精力集中在基本概念的理解与分析上。

在实验流程的安排上，通过设置思考题，以适当难度的与梯度进行组合，引导学生将实验中的现象、波形等与实验原理中的概念相契合，让学生直接认识、体会教学公式与物理概念的内在联系，提高学生将理论与实践相结合的能力。

本教材在实验内容的深度与拓展方面注意信号系统的应用。本教材开发了4个课程设计，内容包括通信系统中调制信号的设计、用MATLAB验证FDMA原理、调频立体声广播仿真实现、股票市场（离散信号）的线性预测，使信号系统的理论与实际应用充分接触，使学生能够通过课程设计这种综合实践的形式，进一步加深对信号系统理论与概念的理解与应用。

本书第1章的1.1～1.4,1.6～1.7由王小扬执笔，1.5由卢家凰执笔；第2、3章由王小扬执笔；第4章4.1与4.3由王琦执笔，4.2由卢家凰执笔，4.4由孙强执笔。全书由王小扬统稿。

各参加信号与系统实验教学的教师对教材的编写提出了宝贵的意见，在此表示衷心的感谢。

由于编者的水平有限，时间仓促，在编写过程中错误和不足之处难免，欢迎读者批评指正。

编者

2012 年 3 月

目　录

第1章 实验技术基础

1.1 信号与系统常用仪器的介绍与使用

仪器使用是培养学生基本实验技能与动手能力的重要方面,也是工科学生必备的基本素质之一。在先修的电路等课程中已有过相关仪器的使用,本节主要介绍与信号与系统实验课程密切相关的仪器使用方法及基本概念,重点介绍数字合成信号发生器与示波器的使用方法。

1.1.1 信号参数与波形测量参数

1. 脉冲信号与占空比

在信号与系统实验中,周期性矩形脉冲信号是最常见的信号。其主要参数有幅度、周期、脉冲宽度、频率,占空比等,如图1.1-1所示。由图可见,占空比是其正脉冲宽度 τ 与脉冲周期 T 之比。该参数常用百分数表示,即 $q=\frac{\tau}{T}\times100\%$,表示正脉冲持续时间占整个周期的百分数。同理,当脉冲信号为负脉冲时,其占空比为负脉冲宽度与其周期之比,表示负脉冲持续时间占整个周期的百分数。当周期 T 确定时,占空比 q 值的大小就取决于脉冲宽度 τ。如图1.1-2所示:

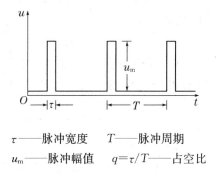

τ——脉冲宽度　　T——脉冲周期
u_{m}——脉冲幅值　　$q=\tau/T$——占空比

图 1.1-1　矩形脉冲信号参数

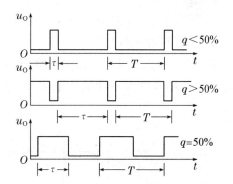

图 1.1-2　在三种 q 值情况下脉冲的波形图

由图可见,当占空比 $q=50\%$ 时,此时的矩形脉冲称为方波;当 $\tau\to0$ 时,周期性矩形脉冲信号→周期冲激脉冲。

在信号与系统实验中,当方波的周期远大于阶跃响应的瞬态过程所经历的时间时,方波就可以近似地代替阶跃信号;当矩形脉冲信号的占空比小于5%时,称为窄脉冲,此时窄脉冲的间隔时间远大于冲激响应的瞬态过程所经历的时间时,可以近似地代替冲激信号。

占空比(Duty Ratio)在电信领域中的含义是,在一串理想的脉冲序列中,正脉冲的持续时间与脉冲周期的比值,即高电平在一个周期之内所占的时间比率。

在周期性的现象中,占空比反映现象发生的时间与总时间之比。

此外,占空比参数应用广泛,不论在脉冲电源设计中,还是在脉冲信号的应用中,占空比都是重要的设计与测量参数。

例 1.1-1:图 1.1-3 为某周期性脉冲波形的一部分,单位为 ms,试计算:

(a) 周期 T;(b) 频率 f;(c) 占空比 q。

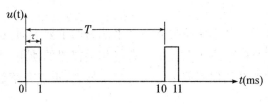

图 1.1-3　某周期性脉冲波形

解:

(a) 由图可见,T 的长度就是周期的长度,$T=10$ ms

(b) $f=\dfrac{1}{T}=\dfrac{1}{10\ \text{ms}}=100$ Hz

(c) 如图所示,$T=10$ ms,占空比 $q=\left(\dfrac{\tau}{T}\right)\times100\%=\left(\dfrac{1\ \text{ms}}{10\ \text{ms}}\right)\times100\%=10\%$

练习题:一个周期性矩形波形的脉冲宽度为 30 μs,周期为 100 μs,试求其频率和占空比。

2. 波形测量参数

在信号与系统实验中,经常通过对各种波形的分析来探究信号的特征、系统的性质,本小节将通过三个参数图,介绍一些常见的波形测量参数。

(1) 矩形脉冲测量参数

实际中的矩形脉冲并无理想的跳变,顶部也不平坦,在许多应用中,更关注脉冲上升时间和脉冲宽度等脉冲波形的细节,有关矩形脉冲的波形测量参数如图 1.1-4 所示。

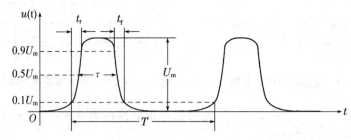

图 1.1-4　矩形脉冲测量参数图

各参数的物理意义如下:

① 脉冲幅度 U_m——指脉冲的最大幅值。

② 前沿或上升时间 t_r——脉冲信号幅值由 $0.1U_m$ 上升到 $0.9U_m$ 所需要的时间,t_r

愈短,脉冲上升愈快,就愈接近于理想矩形脉冲。按照惯例,从脉冲全电压的 10% 处到 90% 处来测量上升时间,消除了脉冲转角的不规则性。

③ 后沿或下降时间 t_f——脉冲信号下降由 $0.9U_m$ 下降到 $0.1U_m$ 所需要的时间。

④ 脉冲宽度 τ——表示一个正脉冲从低电压到高电压再到低电平所占的时间,通常用脉冲前、后沿 $0.5U_m$ 两点间的时间间隔来代表脉冲宽度。

⑤ 脉冲周期 T——对重复性的脉冲信号,两个相邻周期的脉冲波形上相应点的时间间隔称为脉冲周期,其倒数为脉冲频率 f。

⑥ 占空比 $q = \dfrac{\tau}{T} \times 100\%$——表示脉冲宽度与周期之比。

以上参数的物理意义说明了脉冲信号参数通常的测量方法。

(2) 电压波形在垂直方向的基本参数(电压参数)如图 1.1-5 所示

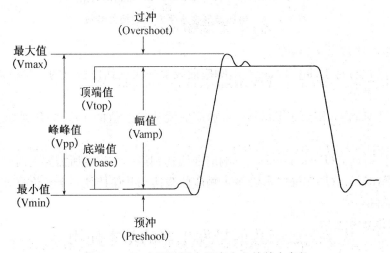

图 1.1-5 电压波形在垂直方向的基本参数

各参数的物理意义如下:

① 峰峰值(Vpp)——波形最高峰至最低点的电压值。

② 最大值(Vmax)——波形最高点至 GND(地)的电压值。

③ 最小值(Vmin)——波形最低点至 GND(地)的电压值。

④ 幅值(Vamp)——波形顶端至底端的电压值。

⑤ 顶端值(Vtop)——波形平顶至 GND(地)的电压值。

⑥ 底端值(Vbase)——波形平底至 GND(地)的电压值。

⑦ 过冲(Overshoot)——波形最大值与顶端值之差与幅值的比值。

⑧ 预冲(Preshoot)——波形最小值与底端值之差与幅值的比值。

以上参数中,峰峰值(Vpp)、最大值(Vmax)、最小值(Vmin)、幅值(Vamp)在实验中较常用,过冲(Overshoot)、预冲(Preshoot)在测量信号的吉布斯现象时常用到。

(3) 响应曲线在水平方向的测量参数(时间参数)如图 1.1-6 所示

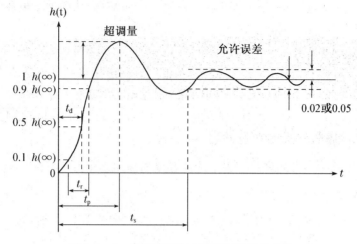

图 1.1-6　电压波形在水平方向的相关参数

各参数的物理意义如下：

① 延迟时间 t_d(Delay Time)——响应曲线第一次达到稳态值的一半所需的时间；有时也用 t_w 表示。

② 上升时间 t_r(Rising Time)——响应曲线从稳态值的 10％上升到 90％所需的时间。

③ 峰值时间 t_p(Peak Time)——响应曲线达到第一个峰值所需要的时间。

④ 调节时间 t_s(Setting Time)——响应曲线达到并保持在一个允许误差范围内所需的最短时间。

1.1.2　数字合成函数信号发生器的基本使用

数字合成函数信号发生器是采用直接数字合成技术(DDS)的信号发生器，不仅具有输出函数信号、调频、调幅、FSK、PSK、频率扫描等数十种信号的功能，且脉冲波占空比分辨率高，为信号与系统实验提供了丰富的信号源。下面以 SPF05 型信号发生器为例，主要介绍点频功能状态使用及调幅功能状态的基本使用，进一步的使用详见仪器说明书。

SPF05 型数字合成函数信号发生器具有 30 余种信号输出的功能，主波形输出频率为 1 μHz ～ 5 MHz，幅度范围 2 mV～20 Vpp(高阻)，1 mV～10Vpp(50 Ω)。脉冲波占空比分辨率高达千分之一，并有频率测量和计数的功能。

1. SPF05 前面板布局与各部分功能说明

开机后的 SPF05 型数字合成函数信号发生器前面板图如 1.1-7 所示，上面深色部分为波形信息显示区及调节旋钮，下面为开关、功能键区、数字输入键区及输出端口等，分述如下：

(1) 波形信息显示区

该区采用 VFD(Vacuum Fluorescent Display)真空荧光显示屏，分 4 个标识区，如图 1.1-8 所示。

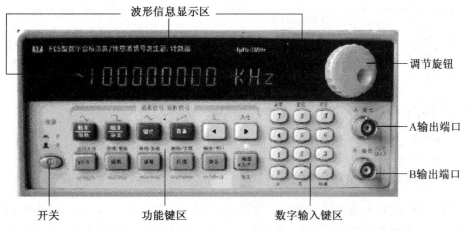

图 1.1 - 7 SPF05 型数字合成函数信号发生器前面板

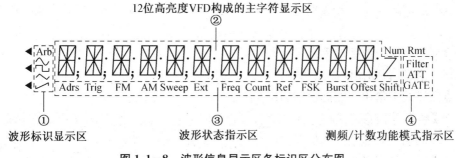

图 1.1 - 8 波形信息显示区各标识区分布图

① 波形标识显示区:有 5 种标识,如显示∧表示当前输出信号为正弦波,显示⊓为方波或脉冲波形等。

② 波形主字符显示区:用 12 位兰色高亮度数字显示当前输出波形的一个参数值,如波形的频率值、峰峰值、占空比值等。如图 1.1 - 7 中,显示区显示当前输出波形的频率值为 10.000 000 0KHz。

③ 波形状态指示区:用绿色字符段指示当前输出波形的功能状态,如:

FM:调频功能模式;AM:调幅功能模式;Sweep :扫描功能模式;Offset:输出信号直流偏移不为 0;Shift:【shift】键按下。其它字符段指示等详见仪器说明书。

注:开机后的缺省工作状态为点频状态,此功能状态下指示区无状态字符段指示,见图 1.1 - 7。

④ 测频/计数功能模式指示区:Filter:测频时处于低通状态;ATT:测频时处于衰减状态;GATE:测频计数时闸门开启。不在测频/计数功能模式的状态时,该指示区无显示。

(2) 功能键区

该区包括位于面板中间的"函数信号/调制信号"括号下面的 12 个功能键,如图 1.1 - 9 所示。

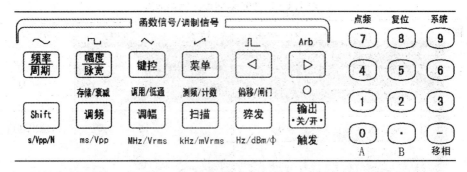

图 1.1-9 SPF05 型数字合成函数信号发生器 功能键区 数字输入键区

每个按键的基本功能用文字标在该按键上，要实现某按键基本功能，只须按下该按键即可。大多数按键有第二功能，用蓝色文字标在这些按键的面膜上方，实现按键第二功能，只须先按下【shift】键，再按下该按键即可；有的功能键还兼作单位键，单位用黑色标在这些按键的下方。要实现按键的单位功能，只有先按下数字键，接着再按下该按键即可。

全部功能键与数字键都有按键提示，每个按键按下后，会用响声"嘀"来提示。一次只能按一个键，否则使仪器出错。

点频模式下常用功能键说明（其它功能说明详见仪器说明书）。

①【频率/周期】键：频率的选择键。当前如果显示的是频率，再按下一次该键，则表示下面的输入和显示改为周期。第二功能是选择"正弦"波形。

②【幅度/脉宽】键：幅度的选择键。如果当前显示的是幅度且当前波形为"脉冲"波，再按一次该键表示输入和显示改为脉冲波的占空比（此功能键上的"脉宽"应改为"占空比"）。第二功能是选择"方波"波形。

③【◀】、【▶】键：基本功能是数字闪烁位左右移动键。【◀】键的第二功能是选择"┌┐"即脉冲波形，【▶】键的第二功能是选择【Arb】即任意波形。

④【shift】键：基本功能作为其它键的第二功能复用键，按下该键后，"Shift"标志亮，此时按其它键则实现第二功能；该键还用作"s/Vpp/N"单位。分别表示时间的单位"s"、幅度峰峰值的单位"V"、占空比等不确定的单位"N"等。

⑤【调频】、【调幅】、【扫描】等 3 个功能键在点频功能模式下只作为单位键用，【猝发】作第二功能直流偏置选择及单位键用。

（3）数字输入键区

由图 1.1-8 可见，该区由 0～9 的 10 个数字与"·"和"一"共 12 个按键构成。按键提示与功能键相同。一次只能按一个键，否则使仪器出错。该区 12 个按键功能如表1.1-1 所示。

表 1.1-1　F05 数字输入键功能表

键名	主功能	第二功能	键名	主功能	第二功能
0	输入数字 0	无	7	输入数字 7	进入点频
1	输入数字 1	无	8	输入数字 8	进入复位
2	输入数字 2	无	'9	输入数字 9	进入系统
3	输入数字 3	无	·	输入小数点	无
4	输入数字 4	无	—	输入负号	无
5	输入数字 5	无	◀	闪烁数字左移 ＊	选择脉冲波
6	输入数字 6	无	▶	闪烁数字右移	选择任意波

功能键区的【◀】、【▶】键也相关列入其中。

＊:输入数字未输入单位时:按下此键,删除当前数字的最低位数字,可用来修改当前输错的数字。

（4）A、B 输出端口

A 路输出:为点频功能模式与其它主要功能模式的输出端。

B 路输出:在产生调制信号波形等情况下使用,详见仪器说明书。

（5）电源按钮

电源按钮位于面板的左下侧,按下为电源开,凸起为电源关。按下该电源按钮前,先仔细检查电源电压是否符合本仪器的电压工作范围。

2. 仪器启动与功能选择

（1）仪器启动

先仔细检查电源电压是否符合本仪器的电压工作范围,确认无误后方可将电源线插入本仪器后面板的电源插座内。

再按下面板上的电源按钮,电源接通。先闪烁显示"WELCOME"2 秒,再闪烁显示仪器型号例如"F05"1 秒,之后进入"点频"功能状态,波形信息显示区显示当前波形的标识为"〜",频率为 10.00000000 kHz,如图 1.1-7 所示。

（2）功能选择

仪器开机后为"点频"功能模式,此时,按"调制""调幅""扫描""猝发""点频"、"FSK"和"PSK"可以分别实现 7 种功能模式,除"点频""调幅"功能外,其他功能模式使用详见仪器说明书。

点频功能模式指的是输出一些基本波形。如正弦波、方波、三角波、升锯齿波、降锯齿波和噪声等 27 种波形,是最常用的仪器工作模式。在其他功能模式状态下,可先按下【shift】键再按下【点频】键(数字键"7")来进入点频功能。

3. 数据的输入方式

（1）数字键输入方式:数字键＋单位键

10 个数字键用来向波形信息显示区写入数据,写入方式为自左向右移位写入,可以使用小数点【·】和数字键任意搭配,【—】用来输入负号,如果信息显示区中已经有负

7

号，再按此键则取消负号。

按数字键只是把数据写入显示区，这时数据并没有生效，所以如果写入有错，可以按位移键"◀"键删除当前最低位数字，然后重新写入。等到确认输入数据完全正确之后，按一次单位键，这时数据开始生效，该数据在显示区显示，仪器将根据显示区的数据输出信号。注意：按数字键输入后必须输入单位，否则输入的数值不起作用。

（2）调节旋钮输入方式

调节旋钮可以对信号进行连续调节。按位移键"◀"、"▶"使当前闪烁的数字左移或右移，这时顺时针转动旋钮，可使正在闪烁的数字连续加 1，并能向高位进位。逆时针转动旋钮，可使正在闪烁的数字连续减 1，并能向高位借位。使用旋钮输入数据时，数据改变后立即生效，不用再按单位键。闪烁的数字向左移动，可以对数据进行粗调，向右移动则可以进行细调。

当不需要使用旋钮时，可以用位移键【◀】、【▶】使闪烁的数字消失，旋钮的转动就不再有效。

4. 点频功能模式下的输出波形选择

在点频功能模式下，输出波形的操作是：波形选择＋参数设定。本节将给出选择输出波形的方法，下节给出设定输出波形参数的步骤，稍后给出输出脉冲信号的举例。

（1）常用波形选择

按下【shift】键后再按下波形键，可以选择正弦波、方波、三角波、升锯齿波、脉冲波等五种常用波形，同时波形显示区显示相应的波形标识。

例：选择方波，按键顺序如下：

【shift】【幅度/脉宽】（该键的上方用蓝色标出方波的标识波形符号）。

（2）一般波形选择

按键顺序为：【shift】【Arb】【波形编号】【N】，即先按下【shift】键，再按下【Arb】键（即【▶】键），再按下所选择波形的编号，再按【shift】键。此时该键作"N"功能用。显示区显示当前波形的编号和波形名称，如"6：NOISE"表示当前波形为噪声。波形以及相应编号对应关系如表 1.1-2 所示：

表 1.1-2　波形以与相应编号对应关系

波形编号	波形名称	提示符	波形编号	波形名称	提示符
1	正弦波	SINE	9	负脉冲	N_PULSE
2	方波	SQUARE	10	正直流	P_DC
3	三角波	TRIANG	11	负直流	N_DC
4	升锯齿	UP_RAMP	12	阶梯波	STAIR
5	降锯齿	DOWM_RAMP	13	编码脉冲	C_PULSE
6	噪声	NOISE	14	全波整流	COMMUT_A
7	脉冲波	PULSE	15	半波整流	COMMUT_H
8	正脉冲	P_PULSE	16	正弦波横切割	SINE_TRA

（续表）

波形编号	波形名称	提示符	波形编号	波形名称	提示符
17	正弦波纵切割	SINE_VER	23	平方根函数	SQUARE_ROOT
18	正弦波调相	SINE_PM	24	正切函数	TANGENT
19	对数函数	LOG	25	心电图波	CARDIO
20	指数函数	EXP	26	地震波形	QUAKE
21	半圆函数	HALF_ROUND	27	组合波形	COMBIN
22	SINX/X 函数	SINX/X			

例：选择正脉冲波，按键顺序如下：

【shift】【Arb】【8】【N】（也可以用调节旋钮输入）。

5. 点频功能模式下的信号参数设定

（1）频率设定

按"频率"键，显示出当前频率值，此时可用数据键或调节旋钮输入设定频率值，这时 A 路输出端口即有该频率的信号输出。点频频率设置范围为 $1\,\mu Hz \sim 5\,MHz$。

例：设定频率值 5.8kHz，按键顺序如下：

【频率】【5】【·】【8】【kHz】（也可以用调节旋钮输入，"kHz"位于功能键"扫描"的下方）。

或者：【频率】【5】【8】【0】【0】【Hz】（也可以用调节旋钮输入，"Hz"位于功能键"猝发"的下方）。

（2）周期设定

信号的频率也可以用周期值的形式进行显示和输入。如果当前显示为频率，再按"频率/周期"键，显示出当前周期值，此时方可用数据键或调节旋钮输入需设定的周期值。

例：设定周期值 10ms，按键顺序如下：

【周期】【1】【0】【ms】（也可以用调节旋钮输入），"ms"位于功能键"调频"下方。

（3）幅度设定

按"幅度"键，显示出当前幅度值。此时可用数据键或调节旋钮输入需设定的幅度值，这时 A 输出端口即有该幅度的信号输出。幅度范围：$2\,mV \sim 20\,Vpp$（高阻），$1\,mV \sim 10\,Vpp(50\,\Omega)$。

例：设定某信号的峰峰值为 4.6V，按键顺序如下：

【幅度】【4】【·】【6】【Vpp】（也可以用调节旋钮输入，"Vpp"代表峰峰值的单位（V），位于功能键"shift"下方。）

对于"正弦"、"方波"、"三角"、"升锯齿"和"降锯齿"波形，幅度值的输入和显示有三种格式：峰峰值、有效值和 dB 值。对于其他波形只能输入和显示峰峰值或直流数值（直流数值也用单位键 Vpp 和 mVpp 输入）。

（4）占空比设定

在选择当前波形为脉冲波的情况下（包括脉冲波或正脉冲或负脉冲），占空比设定

扫一扫，观看
F05 使用视频

步骤：

① 如果显示区显示的是幅度值，再按一次【幅度/脉宽】后，显示区显示缺省的占空比值"20.0 ％"，此时，用数字键或调节旋钮输入你需设定的占空比数值，即可完成占空比参数的设定。

② 如果显示区显示的即不是幅度值也不是脉宽（占空比）值，则必须连续按两次【幅度/脉宽】，此时设定占空比操作同上。

③ 如果该脉冲波已设置过占空比，在按【幅度/脉宽】键后，显示区显示该信号已设有的占空比值，此时用数字键或调节旋钮输入你这次需设定的占空比数值，即可完成对占空比参数的调整。

占空比设定的调整范围是：频率不大于 10 kHz 时为 0.1％～99.9％，此时分辨率为 0.1％；频率在 10～100 kHz 时为 1％～99％，此时分辨率为 1％。

例：某脉冲波信号的峰峰值为 3 V，频率为 10 kHZ，脉冲宽度 τ 为 40 μS，写出输出该信号的按键顺序。

解：先求出该信号的占空比 $q = \left(\dfrac{\tau}{T} \right) \times 100\% = \left(\dfrac{40 \ \mu s}{100 \ \mu s} \right) \times 100\% = 40\%$，输出该信号的按键顺序为：

① 【shift】【◄】，设置当前信号为脉冲波；

② 【频率/周期】【10】【扫描】，设置信号的频率为 10kHz，【扫描】键在此作单位键 "kHz" 用；

③ 【幅度/脉宽】【3】【shift】，设置信号的峰峰值为 3V，【shift】键在此作单位键 "V" 用；

④ 【幅度/脉宽】【4】【0】【shift】，设置信号的占空比为 40％，【shift】键在此作单位键 "N" 用。

（5）直流偏移设定

按 "shift" 后再按 "猝发" 键，显示出当前直流偏移值，如果当前输出波形直流偏移不为 0，此时状态显示区显示直流偏移标志 "Offset"。可用数字键或调节旋钮输入直流偏移值，这时仪器输出端口即有该直流偏移的信号输出。

例：设定直流偏移值 -1.6V，按键顺序如下：

【shift】【猝发】【－】【1】【·】【6】【Vpp】（可以用调节旋钮输入）。

或者：【shift】【猝发】【1】【·】【6】【－】【Vpp】（可以用调节旋钮输入）。

（6）思考题

① 按了某个功能键后，波形信息显示区已显示该功能模式的状态字符段，要回到点频状态该如何操作？

② 点频功能模式下输出波形的操作包括哪两个主要的方面？

③ 设置脉冲信号的占空比参数的前提什么？

6. 信号输出与关闭

如果不希望信号输出，可按【输出】键禁止信号输出，此时输出信号指示灯灭。如果要求输出信号，则再按一次【输出】键即可，此时输出信号指示灯亮。默认状态为输出信号,输出信号指示灯亮。

7. 调幅功能模式(又称为"幅度调制")

该功能模式的设定需"调幅"键与"菜单"键配合使用。在按过【菜单】键后,在仪器的主字符显示区将依次分别出现菜单的四句简短的英文提示:

AM LEVEL——调制深度。

AM FREQ——调制信号的频率。

AM WAVE——调制信号的波形,共有 5 种波形可选。

AM SOURCE——调制信号是机内信号还是外输入信号。

在每句提示的后面输入相应的参数即可实现对调幅信号的设置。具体说明如下:

按【调幅】键进入调幅功能模式,显示区显示载波频率,此时状态显示区显示调幅功能模式标志"AM"。连续按【菜单】键,显示区依次闪烁显示下列选项:调制深度(AM LEVEL)、调制频率(AM FREQ)、调制波形(AM WAVE)、调制信号源(AM SOURCE)。当显示想要修改参数的选项后停止按【菜单】键,显示区闪烁显示当前选项 1 秒后自动显示当前选项的参数值。对调幅的调制深度(AM LEVEL)、调制频率(AM FREQ)、调制波形(AM WAVE)、调制信号源(AM SOURCE)选项的参数,可用数据键或调节旋钮输入。

用数据键输入时,数据后面必须输入单位,否则输入数据不起作用。用调节旋钮输入时,可进行连续调节。调节完毕,按一次【菜单】键,跳到下一选项。如果对当前选项不作修改,可以按一次【菜单】键,跳到下一选项。

进入调幅功能模式后,为了保证调制深度为 100% 时信号能正确输出,仪器自动把载波的峰—峰值幅度减半。

调幅信号各参数设定的操作具体如下:

(1) 载波信号:按【调幅】键进入调幅功能模式,显示区显示载波频率。载波信号的设置方法以及数值范围与上文"6. 点频功能模式下的信号参数设定"中介绍的相同。如果不设置,则上述参数与前一功能的载波(或点频)参数一致。调幅功能模式中载波的波形只能选择正弦波和方波两种。

如:按【幅度】键可以设定载波信号的幅度,按【频率】键可以设定载波信号的频率,按【shift】键和【偏移】键可以设定直流偏移值。用【shift】键和波形键选择载波信号的波形。调幅功能模式中载波的波形只能选择正弦波和方波两种。

(2) 调制深度(AM LEVEL):调制深度取值范围为 1%～120%。

在显示区闪烁显示为调制深度(AM LEVEL)1 秒后自动显示当前调制深度值,可用数据键或调节旋钮输入调制深度值。

(3) 调制信号频率(AM FREQ):调制信号的频率范围为 100 μHz～20 kHz。

在显示区闪烁显示为调制信号频率(AM FREQ)1 秒后自动显示当前调制信号频率值,可用数据键或调节旋钮输入调制信号频率。

(4) 调制信号波形(AM WAVE):调制信号的波形。共有 5 种波形(正弦、方波、三角、升锯齿、降锯齿)可以作为调制信号。每种波形一个编号,通过输入相应的波形编号来选择调制信号波形。每种波形以及相应编号见表 1.1 - 2 中所示。

在显示区闪烁显示为调制信号波形(AM WAVE)1秒后自动显示当前调制信号波形编号,可用数据键或调节旋钮输入波形编号选择波形。

(5) 调制信号源(AM SOURCE):调制信号分为内部信号和外部输入信号。编号和提示符分别为1:INT 和2:EXT。仪器出厂设置为内部信号。外部调制信号通过后面板"调制输入"端口输入(信号幅度3Vpp)。

当信号源选为外部时,状态显示区显示外部输入标志"Ext"。此时"8.3""8.4"的输入无效。对上述选项的参数输入只有把信号源选为内部时方发生作用。

在显示区闪烁显示为调制信号源(AM SOURCE)1秒后,自动显示当前调制信号源相应的提示符和编号,可用数据键或调节旋钮输入调制信号源编号来选择信号来源。

(6) 调幅的启动与停止:将仪器选择为的调幅功能模式时,调幅功能就启动。在设定各选项参数时,仪器自动根据设定后的参数进行输出。如果不希望信号输出。可按【输出】键禁止信号输出,此时输出信号指示灯灭;如果想输出信号,则再按一次【输出】键即可,此时输出信号指示灯亮。

(7) 调幅举例:

载波信号为方波,频率为1 MHz,幅度为2 V;调制信号来自内部,调制波形为正弦波(波形编号为1),调制信号频率为5 kHz,调制深度为50%。按键顺序如下:

按【调幅】键,进入调幅功能模式;

按【频率】键,按【1】【MHz】,设置载波频率;

按【幅度】键,按【2】【V】,设置载波幅度;

按【shift】键和【方波】,设置载波波形;

按【菜单】键,选择调制深度(AM LEVEL)选项,按【5】【0】【N】,设置调制深度;

按【菜单】键,选择调制信号频率(AM FREQ)选项,按【5】【kHz】,设置调制信号频率;

按【菜单】键,选择调制信号波形(AM WAVE)选项,按【1】【N】,设置调制信号波形为正弦波;

按【菜单】键,选择调制信号源(AM SOURCE)选项,按【1】【N】,设置调制信号源为内部。

1.1.3　通用示波器基本工作原理

示波器能够立即显示被测信号的波形,全面反映信号的幅度、频率(周期)、占空比、失真情况等,是全方位测量信号的测量仪器,广泛用于教学、科研与生产部门。

1. 通用示波器的基本结构

通用示波器的基本结构主要由显示部分、Y通道(垂直通道)、X通道(水平通道)等三部分组成,其基本组成框图如图1.1-10所示。

(1) 显示部分

示波器的显示通常采用阴极射线管(CRT),主要包括电子枪、偏转系统、荧光屏三部分,全都密封在一个真空的玻璃壳内。

示波器工作时,电子枪发出的高速电子,被测信号加在垂直偏转板上,扫描锯齿波

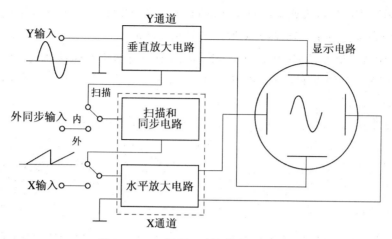

图 1.1-10 通用示波器基本组成框图

信号加在水平偏转板上,高速电子随偏转板上电压的变化发生偏转,打在荧光屏的不同位置上,使得光点在屏幕上描绘出被测信号的波形。

(2) Y 通道(垂直通道)

该通道系统主要包括垂直(Y 轴)放大电路。由于示波管本身的垂直偏转板和水平偏转板的灵敏度都很低,所以一般的被测信号电压都要先经过垂直放大电路的放大,再加到示波管的垂直偏转板上。放大电路还包括衰减器等电路,使过大的被测信号电压变小以适应放大电路的要求。

(3) X 通道(水平通道)

该通道系统主要包括扫描和同步电路、水平(X 轴)放大电路两部分。

① 扫描和同步电路:该电路也称时基电路,用来产生一个周期性的扫描电压,这种扫描电压随时间变化的波形如锯齿样,故称锯齿波电压;使该电压的扫描起点自动跟着被测信号改变的电路就称为同步电路。

② 水平(X 轴)放大电路:如前所述,示波管偏转板的灵敏度都很低,加到水平偏转板的锯齿波电压必须要先经过水平放大电路放大以后,再加到示波管的水平偏转板上。

2. 波形显示的基本原理

如果只在垂直偏转板上加一交变的正弦电压,则电子束的亮点将随电压的变化在垂直方向来回运动,如果电压频率较高,则在屏幕上只看到一条垂直亮线。

如果仅在水平偏转板上加锯齿波,该信号频率够高,则荧光屏上只显示一条水平亮线,称为基线。

如果同时在垂直偏转板上(简称 Y 轴)加正弦电压,在水平偏转板上(简称 X 轴)加锯齿波电压,电子受垂直、水平两个方向的力的作用,电子的运动就是两相互垂直的运动的合成。当锯齿波电压的周期 T_X 与正弦电压周期 T_Y 相等时,在荧光屏上将能显示出完整周期的正弦电压的波形图。

通常,称 $T_X = nT_Y$(n 为正整数)的关系为同步。

3. 通用示波器的同步与触发

由上节可见,当锯齿波电压与被测信号电压同步时,T_X 和 T_y 严格保持整数倍关系。锯齿波每次扫描的起始点都对应在被测信号的相同相位点上,保证了每次扫描显示的波形会完全重叠在一起,这样就可以得到稳定的波形显示,如图 1.1 - 11 所示。若不同步,由于各次扫描起始点不同,T_X 的每个周期扫描的波形都与前一个所扫描的波形不重合,无法显示稳定的波形,如图 1.1 - 12 所示。

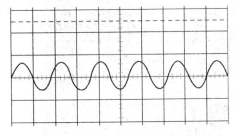

图 1.1 - 11 经同步触发的波形显示

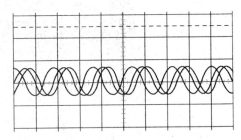

图 1.1 - 12 未经同步触发的波形显示

为此,示波器系统设置了扫描同步电路(触发同步电路),通常有 4 种触发控制的调节与选择:

(1) 触发电平(LEVEL)——触发电平调节又称同步调节旋钮

该同步调节旋钮用于调节输入信号波形的触发点。通过调节,使锯齿波每次扫描的起点总是从被测信号不同周期的同一点开始,从而使波形显示稳定、清晰,如图 1.1 - 11。

由于被测信号的多样性,该同步调节要在触发源(SOURCE)和触发模式(TRIGGER MODE)两项选择确定之后,该调节才会行之有效。

(2) 触发源(SOURCE)选择——对同步的信号源进行选择,通常有内触发(INT)、电源触发(LINE)、外触发(EXT)等 3 种信号源。

(3) 触发模式(TRIGGER MODE)选择——对信号的显示模式进行选择,通常有自动(AUTO)、常态(NORM)、电视场(TV)等 3 种显示模式。

(4) 触发斜率(SLOPE)——触发斜率控制按钮

该按钮凸起是"+",表示选择正斜率触发,触发点位于触发信号的上升沿;按下时是"-",表示选择负斜率触发,触发点位于信号的下降沿。如图 1.1 - 13 所示:

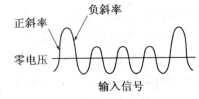

图 1.1 - 13 触发斜率选择

当选择正斜率触发,即确定以波形的上升沿作为起始端在屏幕显示,若选择负斜率触发,则选择以波形的下降沿作为起始端在屏幕显示。

1.1.4 示波器的基本使用

通用示波器的基本原理大同小异,下面以 GOS - 620 型示波器为例,介绍示波器的基本使用方法。GOS - 620 型示波器为通用双踪示波器,具有 DC 至 20 MHZ(-3dB)频带宽度,垂直灵敏度最高为 1 mv/DIV、最大的扫描速度为 100nsec/DIV。GOS - 620 型示波器的前面板如图 1.1 - 14 所示。

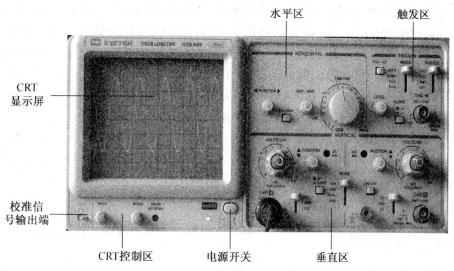

图 1.1-14　GOS620 型示波器的前面板

如图,左边是 CRT 显示屏与控制部分,右边三个操作区分别是:水平区——HOR-IZONTAL;触发区——TRIGGER;垂直区——VERTICAL。各操作区英文标识的左右分别用粗括号和细线条划分了所辖的控制部件。

1. GOS-620 前面板布局图与 CRT 及相关控制部分

(1) GOS-620 型示波器前面板各旋钮、按钮、调整钮位置标号如图 1.1-15 所示。

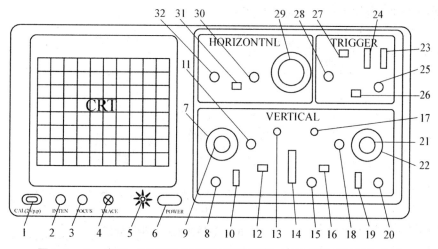

图 1.1-15　GOS-620 型示波器前面板各旋钮、按钮、调整钮位置标号图

(2) CRT 及控制部分。

① CRT 荧光屏:示波器的显示部分,屏面有垂直线与水平线构成主刻度格,垂直为 8 大格,水平为 10 大格,每一垂直刻度格表示电压的单位,由 7、22【VOLTS/DIV】(伏/格)选择确定;每一个水平刻度格表示时间的单位,由 29【TIME/DIV】(时间/格)选择确定。

当波形在荧光屏显示时,由波形在屏面跨占的垂直格数与单位就可以读出该波形的电压值;由波形跨占的水平格数与单位就可以读出该波形的周期值。

② 亮度旋钮:2【INTEN】:控制轨迹及光点的亮度(辉度),顺时针方向旋转光迹增亮。

(注意不要将波形轨迹调得太亮,或将光点长时间停驻一处,因为过高的亮度可能使你的眼睛疲劳,并且会永久性地损坏显示屏幕。)

③ 聚焦旋钮:3【FOCUS】:调整轨迹聚焦,使波形显示明晰。

④ 光迹旋转调整:4【TRACE ROTATION】:用来调整水平轨迹与水平刻度线成平行。

(3) 校准信号输出端:【CAL(2Vpp)】。

此端口输出一个峰峰值为 2V,频率为 1KHz 的方波,用以校准:

① 校准伏/格:7、22【VOLTS/DIV】和时间/格:29【TIME/DIV】;

② 校正测试棒(探头)。

(4) 电源指示灯。

① 电源开关:6【POWER】:按下此钮可接通电源,再按一次,开关凸起时,则切断电源。

② 电源指示灯:上图中的 5,按下电源开关按钮,电源指示灯 5 会发亮;开关凸起时,则切断电源,电源指示灯灭。

2. 水平区(HORIZONTAL)使用说明

该区控制被测信号在屏幕水平方向(X 轴)的位置,调整信号在水平方向显示的周期作增长和缩短的变化。该区面板如图 1.1 - 16 所示:

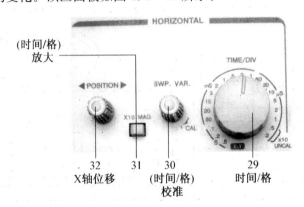

图 1.1 - 16　GOS620 示波器面板的水平控制区

(1) 32【◀POSITION▶】(水平(X 轴)位移):水平位置控制旋钮,调节波形在屏幕水平方向左右移动。

(2) 29【TIME/DIV】(扫描时间/格):扫描时间选择(扫描速度)控制开关,选择屏幕水平方向每大格刻度的读数。刻度单位有 S(秒)、ms(毫秒)、μS(微秒),范围按 1、2、5 方式,从 0.5 S/DIV 到 0.2μS/DIV,共 20 个档位。

当该选择开关的指向为 0.2ms 时,表示选择的水平刻度单位是 0.2ms/DIV,倘若此时一个信号的周期在水平方向跨占的格数为 5 格整,则表示该信号的周期为

0.2ms×5(DIV)＝1ms。改变【TIME/DIV】的档位,可以看到信号在水平方向(X 轴)的扩展与压缩。

(3) 30【SWP. VAR】(可变控制旋钮):用于【TIME/DIV】选择钮的校准和微调。沿顺时针方向旋到底处于校准位置时,屏幕上显示的时基值与扫描时间选择钮所指的标称值一致;逆时针旋转旋钮,则对时基微调。该微调旋钮一般在示波器校准时使用。

(4) 31【×10 MAG】(放大按钮):水平放大键,按下此键可将扫描速度放大 10 倍。即以屏幕中央为放大中心,将波形向左右放大十倍。放大时的扫描时间计算为:

【TIME/DIV】所选之值×1/10。凸起时【TIME/DIV】选择标称值。

3. 垂直区(VERTICAL)使用说明

该区控制被测信号在垂直方向(Y 轴)的位置与信号在垂直方向(Y 轴)显示的大小。该区面板如图 1.1－17 所示:

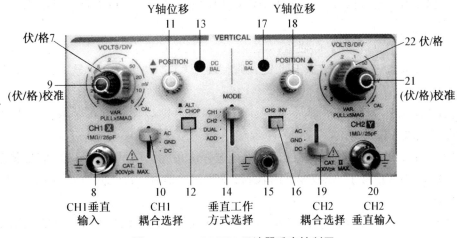

图 1.1－17 GOS620 示波器垂直控制区

(1) 11、18【✿ POSITION】(垂直(Y 轴)位移):轨迹及光点的垂直位置调整钮,旋转此钮,使波形上下移动。

(2) 7、22【VOLTS/DIV】(伏/格):垂直刻度单位选择开关(又称垂直灵敏度),调节屏幕垂直方向(Y 轴)每大格刻度的读数,范围为 5mV/DIV～5V/DIV , 共 10 档。调节每刻度电压值,那么波形显示的大小会随之改变,适当调整使波形显示的高度适中。

(3) 9、21【VARIABLE】(垂直灵敏度微调控制):分别用于垂直刻度选择 7、22【VOLT/DIV】的校准和微调。沿顺时针方向旋到底处于 CAL(校准)位置时,【VOLT/DIV】即为档位显示值。当此旋钮拉出时(×5 MAG 状态) , 垂直放大器灵敏度增加 5 倍。

(4) 8【CH1(X)】、20【CH2(Y)】(输入端口):

①【CH1(X)】:CH1 通道的垂直输入端口,在 X－Y 模式中,为 X 轴的信号输入端。

②【CH2(Y)】:CH2 通道的垂直输入端口,在 X－Y 模式中,为 Y 轴的信号输入端。

(5) 14【VERT MODE】(垂直通道选择):用以选择示波器垂直输入端口的工作方式。

① CH1：设定本示波器以 CH1 单一通道方式工作。

② CH2：设定本示波器以 CH2 单一通道方式工作。

③ DUAL：设定本示波器以 CH1 及 CH2 双通道方式工作，此时并可切换 ALT/CHOP 模式来显示两轨迹。

④ ADD：用以显示 CH1 及 CH2 的相加信号；当 16【CH2 INV】键为压下状态时，即可显示 CH1 及 CH2 的相减信号。

(6) 10、19【AC-GND-DC】(输入信号耦合选择开关)：分别选择 CH1 及 CH2 输入信号的耦合方式。

① AC：垂直输入信号电容耦合，截止直流或极低频信号输入。

② GND：按下此键则隔离信号输入，并将垂直衰减器输入端接地，使之产生一个零电压参考信号，此时显示的一条水平亮线表示零电位在显示屏上的位置。

③ DC：垂直输入信号直流耦合，AC 与 DC 信号一齐输入放大器。显示输入信号的全部。

(7) 12【ALT/CHOP】(双通道(双轨迹)显示方式按钮)：

① 当在双轨迹模式下，放开此键，则 CH1&CH2 以交替方式显示。(一般使用于较快速之水平扫描档位)；

② 当在双轨迹模式下，按下此键，则 CH1&CH2 以切割方式显示。(一般使用于较慢速之水平扫描档位)。

(8) 16【CH2 INV】(CH2 输入信号极性选择键)：此键按下时，CH2 的信号将会被反向。CH2 输入信号于 ADD 模式时，CH2 触发截选信号(Trigger Signal Pickoff)亦会被反向。

(9) 13、17【DC BAL】(垂直直流平衡点调整)：分别用于调整 CH1、CH2 通道垂直直流平衡点，调整步骤详见仪器说明书。

(10) 15【GND】(地)：本示波器接地端子。

4. 触发区(TRIGGER)使用说明

该区通过调节【LEVEL】旋钮，使得扫描与被测信号同步，使波形显示稳定、清晰。该区面板如图 1.1 - 18 所示：

(1) 23【SOURCE】(触发源选择开关)：

① CH1：当垂直选择 14【VERT MODE】选择在 CH1、DUAL 或 ADD 位置时，以 CH1 端口的输入信号作为内部触发源。

② CH2：当垂直选择 14【VERT MODE】选择在 CH2、DUAL 或 ADD 位置时，以 CH2 端口的输入信号作为内部触发源。

③ LINE：将 AC 电源线频率作

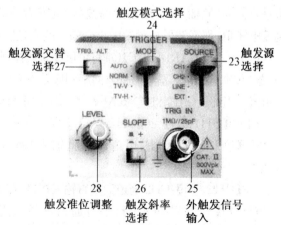

图 1.1 - 18　GOS620 示波器面板的触发同步控制区

为触发信号。

④ EXT:将 25【TRIG. IN】端口的输入信号作为外部触发信号源。

(2) 24【TRIGGER　MODE】(触发模式选择开关):

① AUTO(自动):自动扫描触发方式,当无触发信号输入或触发信号的频率小于 25 Hz 时,扫描会自动产生,屏幕上显示扫描基线;当有触发信号时,电路自动进入触发扫描状态。

② NORM(常态):触发扫描方式,当无触发信号时,扫描将处于预备状态,屏幕上不会显示任何轨迹;当有信号输入时,且触发电平旋钮在适当的位置时,电路被触发扫描。本功能主要用于观察≤25 Hz 之信号。

③ TV-V:用于观测电视信号之垂直画面信号。

④ TV-H:用于观测电视信号之水平画面信号。

(3) 28【LEVEL】(触发准位调整钮):旋转此钮以同步波形,并设定该波形的起始点。将旋钮向"+"方向旋转,触发准位(电平)会向上移;将旋钮向"-"方向旋转,则触发电平向下移。轻轻缓缓地旋转此钮将容易找到同步的触发电平,使波形显示稳定。

由于被测信号的多样性,该同步调节旋钮要在以上两种选择确定以后,调节才会行之有效。

(4) 26【SLOPE】(触发斜率选择按钮):

① "+":凸起时为正斜率触发,选择触发点位于信号的上升沿进行触发;

② "-":压下时为负斜率触发,选择触发点位于信号的下降沿进行触发。

通常选择该按钮为凸起。对于占空比很小的正窄脉冲信号,测量其脉冲宽度时,往往在显示屏上只能看到第一个脉冲,因此必须选择正斜率触发。

(5) 25【TRIG. IN】(外触发信号输入端口):该端口可输入外部触发信号。欲用此端口时, 须先将触发源选择开关23【SOURCE】置于 EXT 位置。

(6) 27【TRIG. ALT】(触发源交替按钮):触发源交替设定键。当垂直区的 14【VERT MODE】选择在 DUAL 或 ADD 位置,且【SOURCE】置于 CH1 或 CH2 位置时,按下此键,本仪器即会自动设定 CH1 与 CH2 的输入信号以交替方式轮流作为内部触发信号源。【TRIG. ALT】功能仅适用于 ALT 模式。

5. 练习题(一)

(1) 当选择一台示波器使用时,应该考虑的主要性能是:

a. 带宽。　　　　 b. 垂直灵敏度。　　　　 c. 扫描速度。　　　　 d. 以上都对。

(2) 用示波器对信号可以进行的两个最基本的测量是:

a. 时间和频率测量。　　 b. 时间和电压测量。　　　 c. 电压和占空比测量。

d. 脉冲宽度和相移测量。

(3)示波器垂直区中的调整钮可以:

a. 开始水平扫描　　 b. 调整显示的亮度　　 c. 对输入信号进行衰减或者放大。

d. 调整信号稳定。

(4) 示波器的时基控制【TIME/DIV】可以:

a. 调整垂直刻度。　　 b. 设置屏幕上由水平刻度格表示的时间的单位。

c. 显示目前时间。　　d. 调整所要显示波形的周期数。

（5）在示波器显示屏上：

a. 电压在垂直轴，时间则在水平轴。　　b. 直斜线意味着电压以恒定速率变化。

c. 平直的水平迹线意味着电压是恒定的。d. 以上都对。

（6）伏/格控制【VOLTS/DIV】用于：

a. 在垂直方向上定标波形。　　b. 在垂直方向上确定波形的位置。

c. 衰减或放大输入信号。　　d. 设置垂直刻度格代表的伏特数。

（7）使垂直输入耦合选择接地：

a. 使输入信号与示波器断开。　　b. 产生自动触发的水平线。

c. 表明屏幕上零伏特的位置。　　d. 以上都对。

（8）触发同步是必须的：

a. 稳定屏幕上的重复信号。

b. 调整触发起始点来改变显示波形的相位

c. 在捕获中标识特殊点。

d. 以上都对。

（9）如果伏/格【VOLTS/DIV】设置为 0.5 V，屏幕上能显示的最大信号是：

a. 峰峰值为 400 毫伏。　　b. 峰峰值为 8 伏。

c. 峰峰值为 4 伏。　　d. 峰峰值为 0.5 伏。

（10）如果秒/格【TIME/DIV】设置为 0.1ms，以屏幕宽度表示的时间的数量是：

a. 0.1 毫秒。　　b. 1 毫秒。　　c. 1 秒。　　d. 0.1 千赫兹

（11）自动扫描触发模式和常态触发模式的区别是：

a. 在常态触发模式中，示波器只扫描一次就停止了。

b. 在常态触发模式中，示波器只有在输入信号到达触发点时才扫描，否则屏幕是黑的。

c. 自动扫描触发模式使示波器连续扫描，在甚至没有被触发的情况下也不例外。

d. 以上都对。

多项选择练习题答案

（1）d　（2）b　（3）c　（4）b d　（5）d　（6）a　c　d　（7）d　（8）a b　（9）c　（10）b　（11）d

6. 单一通道的基本操作方法

（1）开机基本操作

本节以 CH1 为范例，介绍单一通道的基本操作法。CH2 单通道的操作程序是相同的，仅需注意要改为设定 CH2 栏的旋钮及按键组。

插上电源插头之前，请务必确认后面板上的电源电压选择器已调至适当的电压档位。确认之后，请依照下表 1.1-3 顺序设定各旋钮及按键。

表 1.1－3 插上电源插头之前面板上各旋钮及按键组需设定的位置

项　目	位置标号	设　定	项　目	位置标号	设　定
POWER	6	OFF 状态	AC-GND-DC	10、19	GND
INTEN	2	中央位置	SOURCE	23	CH 1
FOCUS	3	中央位置	SLOPE	26	凸起（＋斜率）
VERT MODE	14	CH1	TRIG. ALT	27	凸起
ALT/CHOP	12	凸起（ALT）	TRIGGER MODE	24	AUTO
↕ POSITION	11、18	中央位置	◀ POSITION ▶	32	中央位置
VOLTS/DIV	7、22	0.5V/DIV	TIME/DIV	29	0.5mSec/DIV
VARIABLE	9、21	顺时针转到底 CAL 位置	WP. VAR	30	顺时针到底 CAL 位置
CH2 INV	16	凸起	×10 MAG	31	凸起

按照上表设定完成后,插上电源插头,继续下列步骤:

① 按下电源开关❻,并确认电源指示灯❺亮起。约 20 秒后 CRT 显示屏上应会出现一条轨迹,若在 60 秒之后仍未有轨迹出现,请检查上列各项设定是否正确。

② 转动❷【INTEN】(亮度)及❸【FOCUS】(聚焦),以调整出适当的轨迹亮度及聚焦。

③ 调 CH1 通道⓫【↕ POSITION】及【TRACE ROTATION】❹,使轨迹与中央水平刻度线平行。

④ 将探棒连接至❽【CH1】输入端,并将探棒接上❶【CAL(2Vpp)】校准信号端子。

⑤ 将输入耦合选择❿【AC－GND－DC】置于 AC 位置,此时,CRT 上会显示如图 1.1－19 的波形,该波形与表 1.1－3 中的【VOLTS/DIV】、【TIME/DIV】设置的刻度值完全一致,表明此时示波器已校准好。CH1 通道可以接入被测信号。以下操作使显示的波形更便于阅读。

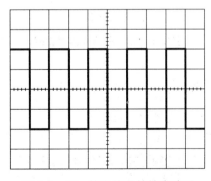

图 1.1－19 校准信号的输出波形

⑥ 调整❸【FOCUS】,使轨迹更清晰。

⑦ 欲观察细微部份,可调整❼【VOLTS/DIV】及㉙【TIME/DIV】,以显示更清晰的波形。

⑧ 调整⑪【↕POSITION】及㉜【◀ POSITION ▶】,以使波形与刻度线齐平,并使电压值(Vpp)及周期(T)易于读取。

(2) 校准

① 校准【VOLTS/DIV】(伏/格)和【TIME/DIV】(时间/格)

此项校准是建立在开机正常的基础上,已包含在上述的开机基本操作之中。在表1.1-3的设置中,14 个(包括电源开关)是常规设定选项;4 个中央位置的旋钮,使扫描轨迹显示在屏幕中间;5 个凸起的按钮为示波器的常规设置;2 个 CH1 是选择通道和选择同步信号源;触发模式选择"AUTO",使开机后 CRT 显示屏上会出现一条轨迹。

余下的 4 个选项是【VOLTS/DIV】和【TIME/DIV】及各自相关的校准旋钮,在上面的③④⑤操作后,出现图 1.1-19 的波形表明 CH1 通道已校准。此两项在表 1.1-3 中的选项不是唯一的,选择不同的单位将出现不同的表明已校准的波形。

② 校正测试棒(探头)

探棒可进行极大范围的衰减,因此,若没有适当的相位补偿,所显示的波形可能会失真而造成量测错误。因此,在使用探棒之前,请参阅图 1.1-20,并依照下列步骤做好补偿:

❶将探棒的 BNC(同轴电缆连接器)连接至示波器上 CH1 或 CH2 的输入端。(探棒上的开关置于×10 位置)

❷将 VOLTS/DIV 钮转至 50mV 位置。

❸将探棒连接至校正电压输出端 CAL。

❹调整探棒上的补偿螺丝,直到 CRT 出现最佳、最平坦的方波为止。

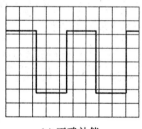 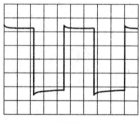 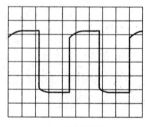

(a) 正确补偿　　　　　　(b) 过度补偿　　　　　　(c) 补偿不足

图 1.1-20　探棒补偿调整图

7. 练习题(二)

① 为了安全地操作示波器,应该:

a. 使用合适的三脚的电源线将示波器接地。

b. 学会识别可能存在危险的电气元件。

c. 在没有断电情况下,避免接触待测电路中的暴露元件。

d. 以上都对。

② 将示波器接地是必要的:

a. 因为安全原因。　　　　　　b. 提供进行测量的一个参考点。

c. 使轨迹线与屏幕的水平轴对准。　　d. 以上都对。

示波器校准
使用视频

③ 必须校正探头,因为:

a. 使 10 倍衰减探头的电气特性与示波器的电气特性相平衡。

b. 防止损坏待测电路。

c. 提高测量的准确度。

d. 以上都对。

④ 将探头接上待测电路,但是屏幕却是黑的。你可以:

a. 检查【INTEN】(亮度)是否调得大些。

b. 检查示波器【VERT MODE】的选择是否与探头所连接的那一路通道一致。

c. 将【TRIGGER MODE】设置为 AUTO(自动),因为 NORM(常态)模式使屏幕变黑。

d. 使探头所在通道的【AC−GND−DC】置于 AC,因为包括直流的信号可能超过屏幕的顶部或底部。

e. 将【VOLTS/DIV】设为较大值,因为单位值选择得较小也可能使信号超过屏幕的顶部或底部。

f. 检查探头是否开路,并确定它正确接地。

g. 检查示波器【SOURCE】的选择是否与你所用的输入通道一致。

h. 以上都对。

练习题答案:① d   ② a   ③ a   ④ h

8. 双频道操作基本方法

(1) 双频道操作法与上节的步骤大致相同,仅需按照下列说明略作修改:

① 将❶❹【VERT MODE】置于 DUAL 位置。此时,显示屏上应有两条扫描线:CH1 的轨迹为校准信号的方波,CH2 则因尚未连接信号,轨迹呈一条直线。

② 探棒的 BNC 连接至❷⓿【CH2】输入端,并将探棒接上 2Vpp 校准信号端子。

③ 按下【AC-GND-DC】置于 AC 位置,调❶❶❶❾【⇕POSITION】钮,以使两条轨迹如图 1.1−21 般显示。

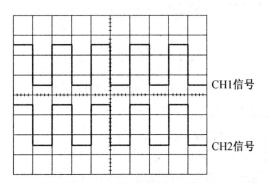

图 1.1−21 双通道校准波形

(2) 当【ALT/CHOP】放开时(ALT 模式),则 CH1&CH2 的输入信号将以交替扫描方式轮流显示,一般使用于较快速之水平扫描档位;当【ALT/CHOP】按下时(CHOP 模式),则 CH1&CH2 的输入讯号将以大约 250kHz 斩切方式显示在屏幕上,一般使用于较慢速之水平扫描档位。

（3）在双轨迹(DUAL 或 ADD)模式中操作时，❷【SOURCE】触发源选择器必须拨向 CH1 或 CH2 位置，选择其一作为触发源。若 CH1 及 CH2 的信号同步，二者的波形皆会是稳定的；若不同步，则仅有选择器所设定之触发源的波形会稳定，此时，若按下 TRIG. ALT 键❷，则两种波形皆会同步稳定显示。

注意：请勿在 CHOP 模式时按下【TRIG. ALT】键，因为【TRIG. ALT】功能仅适用于 ALT 模式。

9. 信号参数测量基本方法

使用示波器测量信号参数必须先对示波器进行校准，然后才可以进行各种信号参数的测量。以下测量方法都是建立在示波器已经校准的基础上。

（1）电压测量

① 交流分量电压测量：

a. 将 Y 轴的输入耦合选择置于"AC"位置。当测量频率极低的交流分量时将该输入耦合置于"DC"。

b. 根据被测信号的幅度和频率，适当选择伏/格和时间/格的挡级，将探头的 BNC(同轴电缆的连接器)连接至 Y 轴通道输入端，并将探头置被测信号端，调节【LEVEL】，使波形显示稳定。

c. 根据屏幕上的坐标刻度，读出波形的峰峰值所占的格数 A，则被测电压 u ＝ n×A×B，式中：n 为探头衰减比，B 为伏/格旋钮所处的挡级。

例如：如图 1.1－22 所示，探头的衰减比 n ＝ 1，Y 轴灵敏度为 0.2V/ DIV，被测信号的峰峰值跨占的格数 A＝2 DIV(格)，则被测信号的峰峰值为：

$$V_{pp} = 1 \times 2 \text{ DIV} \times 0.2\text{V/DIV} = 0.4\text{V}。$$

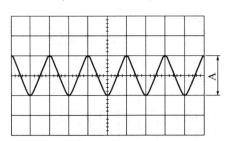

图 1.1－22　交流电压峰峰值测量

② 瞬时电压测量：

瞬时电压测量需要一个相对的参考基准电位，一般情况下，基准电位是对地电位。测量步骤如下：

a. 将【AC-GND-DC】(Y 通道输入耦合)置"GND"，【TRIGGER MODE】(触发模式)置于"AUTO"，此时屏幕出现自动触发的水平线，表明屏幕上零伏电压的位置。调节 Y 轴位移旋钮，使光迹移到坐标轴的使用位置(记下基准刻度)，此时 Y 轴位移不能再动。

b. 将【AC-GND-DC】置"DC"，【VOLTS/DIV】(伏/格)置于 mV/DIV 挡级，测试探头移到被测信号端，调节触发电平【LEVEL】，使波形稳定。

c. 测出被测波形上的某一瞬时电压相对于基准刻度的格数 A。

则：被测瞬时电压 ＝ n×A×B。

例如：如图 1.1-23 所示，探头的衰减比 $n=10$，Y 轴灵敏度 B 为 20mV/DIV，被测点 P 至基准刻度的格数为 5 格，则该测点的瞬时电压为：$u ＝ 10×5\ DIV×20mV/DIV ＝ 1V$。

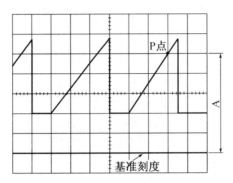

图 1.1-23 瞬时电压测量波形图

（2）周期（时间）测量：

根据脉冲周期 T 的定义，两个相邻周期的脉冲波形上相应点的时间间隔称为脉冲周期。测量步骤如下：

a. 将【TIME/DIV】（时间/格）置于适当的挡级 b /DIV，使波形在屏面上显示的周期为 1~2 个，调节【LEVEL】，使波形显示稳定。

b. 读出被测波形一个周期跨占的水平刻度格数 a。

c. 则被测信号的周期 T＝ a×b/DIV。

例如：如图 1.1-24 所示，时间/格【TIME/DIV】置于 2ms/DIV，P、Q 两点时间间隔是被测信号的一个周期，

即该信号一个周期跨占的水平刻度格数 a＝5 格，则该信号的周期 T＝ a×b＝5 DIV×2 ms/DIV ＝10ms。

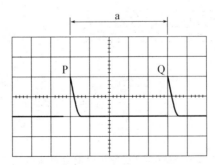

图 1.1-24 时间（周期）测量

（3）相位差测量：

对于两个同频率信号间的相位差可以用该仪器的双迹功能来进行，步骤如下：

a. 将垂直模式选择【VERT MODE】置于"DUAL"，触发源交替按钮【TRIG.

ALT】置于凸起。

b. 将两个通道的输入耦合开关【AC—GND—DC】选择在相同位置。

c. 用两根具有相同衰减的探头或相同的电缆,将两个已知信号输入【CH1】和【CH2】通道,使波形稳定。

d. 调节 CH1 通道和 CH2 通道的 Y 轴位移【↕POSITION】,使两踪波形均移到上下对称于 O-O′轴上,读出 A、B ,如图 1.1-25 所示,则相位差

$$\varphi = \frac{A}{B} \times 360°。$$

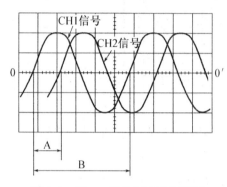

图 1.1-25   相位差测量波形图

(4) 脉冲信号参数及其他信号参数的测量见 1.1.1 中的 2.波形测量参数。

1.1.5   SP1641B 函数信号发生器/计数器使用说明简介

该函数发生器的功能:主函数输出频率为 0.1 Hz～3 MHz,输出信号幅度 (1～20 Vpp)±10％,连续可调,能直接产生正弦波、三角波、方波、锯齿波等信号输出。频率计数器功能:频率测量范围 0.1 Hz～50 MHz。

SP1641B 函数信号发生器/计数器前面板如图 1.1-26 所示。

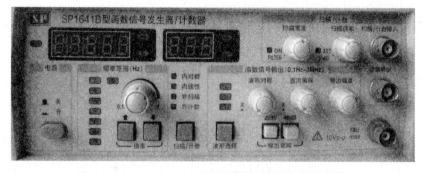

图 1.1-26   SP1641B 函数信号发生器/计数器前面板

其前面板布局图如图 1.1-27 所示。

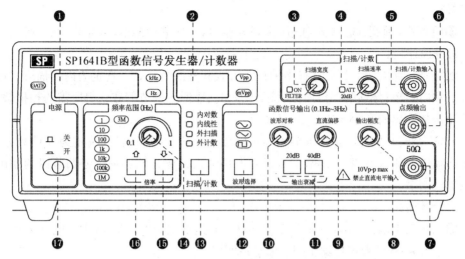

图 1.1－27　SP1641B 函数信号发生器/计数器前面板布局图

前面板各旋钮(或按钮)基本功能与使用说明如下:

1. 显示窗口与电源开关

❶频率显示窗口:显示输出信号的频率或外测频信号的频率。

❷幅度显示窗口:显示函数输出信号的幅度(峰峰值)。

⓱整机电源开关:在按键揿下之前,必须确认供电电压在 220 V±10% 范围内,方可将电源线插头插入本仪器后面板电源线插座内,供仪器随时开启工作。

此按键揿下时,机内电源接通,开启整机工作。此键释放为关掉整机电源。

2. 主函数信号输出

❼函数信号输出端:输出多种波形的函数信号,包括正弦波、三角波、方波(对称或非对称输出),输出幅度 20 Vpp(1 MΩ 负载),10 Vpp(50 Ω 负载)。

⓬函数输出波形选择按钮:可选择正弦波、三角波、脉冲波输出。

❿输出波形对称性调节旋钮:调节此旋钮可改变输出信号的对称性。当电位器处在关位置时,则输出对称信号。调节器该旋钮可改变输出脉冲信号的占空比,如输出波形为三角波时可使三角波调变为锯齿波。

❽函数信号输出幅度调节旋钮:调节输出信号的幅度,调节范围 20 dB。不衰减:(1～20 Vpp)±10%,连续可调;衰减 20 dB:(0.1～2Vpp)±10%,连续可调;其他衰减详见仪器说明书。

⓫函数信号输出幅度衰减开关:"20 dB"、"40 dB"键均不按下,输出信号不经衰减,直接输出到插座口。"20 dB"、"40 dB"键分别按下,则可选择 20 dB 或 40 dB 衰减。"20 dB","40 dB"同时按下时为 60 dB 衰减。

❾函数输出信号直流电平偏移调节旋钮:调节范围:－5 V～＋5 V(50 Ω 负载),－10 V～＋10 V(1 MΩ 负载)。当电位器处在关位置时,则为 0 电平。

⓰输出信号频率选择——增倍率选择按钮:每按一次此按钮可递增输出频率的 1个频段。

⓯输出信号频率选择——减倍率选择按钮:每按一次此按钮可递减输出频率的 1

个频段。

⓮频率微调旋钮:调节此旋钮可微调输出信号频率,调节基数范围为从<0.1到>1。

3. 扫描控制

⓭"扫描/计数"按钮:可选择多种扫描方式和外测频方式。选定为内扫描方式包括内线性和内对数;分别调节扫描宽度调节❸和扫描速率调节器❹获得所需的扫描信号,输出至函数输出插座❼。

选定为外扫描方式,由外部输入插座❺输入相应的控制信号;选定为外计数方式,用本机提供的测试电缆,将函数信号引入外部输入插座。该控制组各调节钮的使用详见仪器说明书。

4. 点频输出

❻点频输出端:输出标准正弦波 100 Hz 信号,输出幅度 2 Vpp(中心电平为 0)。

5. SP1641B 函数信号发生器后面板说明

SP1641B 函数信号发生器后面板图如图 1.1 - 28 所示。

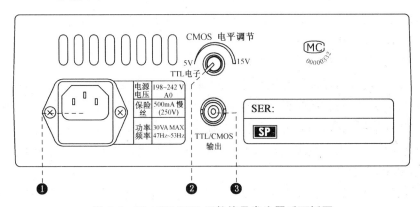

图 1.1 - 28　SP1641B 函数信号发生器后面板图

❶电源插座:交流市电 220 V 输入插座。内置保险丝容量为 0.5 A。

❷TTL/CMOS 电平调节:调节旋钮,"关"为 TTL 电平,打开则为 CMOS 电平,输出幅度可从 5 V 调节到 15 V。

❸TTL/CMOS 输出插座。

6. 函数信号输出举例

例:写出用 SP1641B 产生峰—峰值为 5 V,频率为 300 Hz 的三角波信号的操作步骤。

① 按要求检查电源插座,符合要求后,按整机电源开关⓱开机。

② 选择信号输出端口❼,并在此端口接上开路电缆的 BNC(同轴电缆连接器),以用于与示波器 Y 通道的探头相接。

③ 波形选择:选择⓬波形选择中的三角波,并使波形对称旋钮⓾置关的位置。

④ 幅度选择:置⓫函数信号输出幅度衰减开关:"20 dB"、"40 dB"键均不按下,调节输出幅度旋钮❽,使在幅度显示窗口❷显示 5 V。

⑤ 频率选择:按⓯或⓰选择 1 kHz 频段,调⓮,使频率显示窗口❶显示 300 Hz。

⑥ 将该信号与已校准好的示波器连接并进行测试,若信号参数存在一定的误差,则以示波器测量为准,再对相关旋钮进行调节,尽量使输出信号参数准确。

1.1.6 直流稳压电源 DF1731SC2A 使用说明简介

DF1731SC2A 是由两路可调输出电源和一路固定输出电源组成的直流稳压电源。其中两路可调输出电源具有稳压与稳流自动转换功能,电路稳定可靠,电源输出电压能从 0 至标称电压值之间任意调整,在稳流状态时,稳流输出电流能从 0 至标称值之间连续可调;另一路固定输出 5V 电源。三组电源均具有可靠的过载保护功能,输出过载或短路都不会损坏电源。

1. DF1731SC2A 型直流稳压电源面板各部件作用

DF1731SC2A 型直流稳压电源面板如图 1.1－29 所示,各部件说明如下

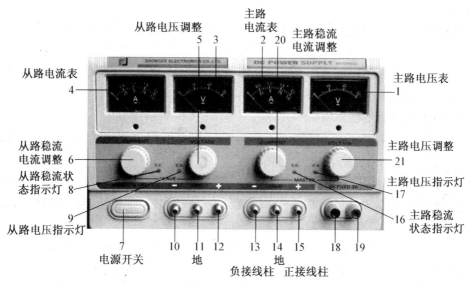

图 1.1－29　DF1731SC2A 型电源面板图

7:电源开关:置于"ON"状态即按下此钮,可接通电源,此时稳压指示灯亮或稳流指示灯亮。再按一次,开关凸起时,则切断电源。

1:和 3:电压表,分别指示主路与从路输出的电压值,指示范围:0～30V。。

21:和 5:分别为主路与从路的稳压输出电压选择调节旋钮,调节时对应各自输出电压表的指示,使输出直流电压 0～30V 连续可调。逆时针旋到底输出为 0V。自此顺时针旋转,输出电压逐步增大。

2:和 4:　电流表,分别指示主路及从路输出的电流值,指示范围:0～2A。

20:和 6:分别是主路与从路稳流输出电流调节旋钮,调节主路及从路输出的电流值(即限流保护点调节)。在设置各路稳压输出时,该电流调节旋钮一般顺时针旋调在较大的位置,否则会影响输出电压旋钮的调节。

16:主路稳流状态指示灯:主路电源处于稳压工作状态时,此指示灯灭。

17:主路稳压状态指示灯:主路电源处于稳压工作状态时,此指示灯亮。

8：从路稳流状态指示灯：从路电源处于稳压工作状态时,灯灭。

9：从路稳压状态指示灯：从路电源处于稳压工作状态时,灯亮。

10：从路直流稳压输出负接线柱：上方有"—"标志,表示电压输出负极性端,接负载的负端。

11：机壳接地端：机壳接大地。

12：从路直流稳压输出正接线柱：上方有"＋"标志,表示电压输出正极性端,接负载的正端。

13：主路直流稳压输出负接线柱：上方有"—"标志,表示电压输出负极性端,接负的载负端。

14：机壳接地端：机壳接大地。

15：主路直流稳压输出正接线柱：上方有"＋"标志,表示电压输出正极性端,接负载的正端。

18：固定5V直流稳压电源输出负接线柱：输出电压负极,接负载的负端。

19：固定5V直流稳压电源输出正接线柱：输出电压正极,接负载的正端。

以上为电源在稳压状态时,各部件功能说明,该电源在稳流工作状态及其它工作状态的说明详见仪器说明书。

2. 面板各部件的使用须知

（1）开机之前,必须确认供电电压在220V±10％范围内,方可将电源线插头插入本仪器后面板电源线插座内,供仪器随时开启工作。

（2）可调电源作为稳压源使用时,首先应将稳流调节旋钮"6"和"20"顺时针调节到最大,然后打开电源开关"7",并调节电压调节旋钮"5"和"21",使从路和主路输出的直流电压至需要的电压值,此时稳压状态指示灯"9"和"17"发光。

（3）输出电压设置完成后,应先关掉电源,再进行与负载的接线。实验中,如果需要调整稳压电压输出,也应先关掉电源,再进行调整。严禁带电接线。

（4）当电源处于稳压工作状态时,稳压状态指示灯亮,稳流状态指示灯不亮。当稳压电压输出接上负载后,如果此时稳流状态指示灯也亮了,可能是负载电路出现了问题：或电源线接错,或负载电路板有短路等,此时应及时关掉稳压电源,检查负载电路,将故障排除。

（5）在作为稳压源使用时,稳流电流调节旋钮"6"和"20"一般应该调至最大,但是本电源也可以任意设定限流保护点。设定办法为,打开电源,反时针将稳流调节旋钮"6"和"20"调到最小,然后短接输出正负端子,并顺时针调节旋钮"6"和"20",使输出电流等于所要求的限流保护点的电流值,此时限流保护点就被设定好了。

（6）若稳压电源工作在只带一路负载时,为延长机器的使用寿命,减少功率管的发热量,请使用在主路电源上。

直流稳压电源
使用视频

1.1.7　数字存储示波器简介

近十多年来,数字存储示波器发展迅速。该类示波器是集数据采集、A/D 转换、软件编程等一系列的技术制造出来的高性能示波器;支持多级菜单,能提供给用户多种选择和分析功能;能自动测量频率、上升时间、脉冲宽度等很多参数,可以对波形进行保存和处理。在信号与系统实验中,常需要分析信号的频谱,数字存储示波器提供的 FFT 数学运算可以将时域信号转换成频域信号,即展示信号的频谱。

与模拟示波器不同,数字示波器通过模数转换器(ADC)把被测电压转换为数字信息。它捕获的是波形的一系列样值,并对样值进行存储,随后,数字示波器重构波形。数字存储示波器的一些子系统与模拟示波器的一些部分相似。使用方便。图 1.1 - 30 为 DS1102CD 数字示波器面板及功能按钮分布。

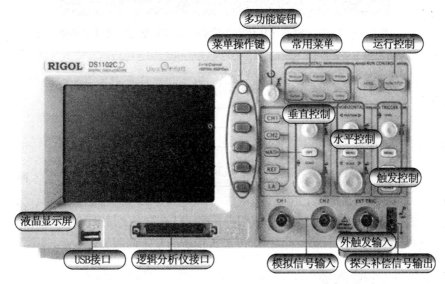

图 1.1 - 30　DS1102CD 数字示波器面板及功能按钮分布

DS1102CD 数字示波器使用光标测定 FFT 波形,可以对 FFT 波形进行幅度(以 Vrmm 或 dBVrms 为单位)和频率(以 Hz 为单位)的测量,调节两水平和垂直光标,可以从光标间的增量读出测量值。

欲进行 FFT 光标测量,请按以下步骤操作:

① 按"CURSOR"按钮显示光标测量菜单。

② 按 2 号菜单操作按钮,选择光标类型为 X 或 Y。

③ 按 3 号菜单操作按钮,选择信源为 FFT,菜单将转移到 FFT 窗口。

④ 旋动多功能旋钮(↻)移动光标至感兴趣的波形位置。

测试结果如图 1.1 - 31 所示,方波的波形及其频谱在显示屏同时显示,并显示相关的测试数值。

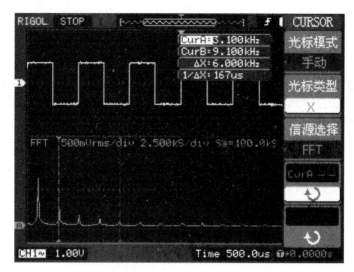

图 1.1-31　在 DS1102CD 数字示波器屏幕上显示的方波及其频谱

1.2　信号与系统常用仪器使用实验

1.2.1　实验目的

1. 学会使用 F05 型数字合成函数信号发生器,掌握点频模式下产生各种信号的方法。

2. 掌握 GOS-620 示波器的基本使用要领及相关的测试技术。

3. 掌握函数信号发生器、直流稳压电源等仪器的基本使用方法。

1.2.2　实验内容

1. 用 F05 型数字合成函数信号发生器分别产生 Vpp 为 2V,频率为 6kHz 的方波信号,用示波器测量并记录该信号的波形(Vpp 表示信号的峰峰值),写出操作步骤。

2. 用 F05 型数字合成函数信号发生器产生 Vpp=5V,频率 f=5 kHz,$\tau=10\,\mu s$ 的窄脉冲,用示波器观察并记录信号的波形。

3. 用 F05 型数字合成函数信号发生器产生 Vpp=-10V,频率 f=10 kHz,$\tau=30\,\mu s$ 的负脉冲信号,用示波器观察并记录信号的波形,写出操作步骤。

4. 用 SP1641B 型函数信号发生器产生 Vpp=6V,频率 f=36 kHz 的三角波信号,用示波器观察并记录信号的波形。

5. 调试直流稳压电源产生两路直流电压输出:一路为+15V,另一路为-15V,试用用示波器测量并记录输出波形,写出操作步骤。

1.2.3　实验仪器

F05 型数字合成函数信号发生器　　　　　一台

GOS-620 型示波器　　　　　　　　　一台

SP1641B 型函数信号发生器　　　　　　一台

DF1731SC2A 直流稳压电源　　　　　　一台

1.2.4　预习要求

1. 预习各仪器的使用介绍及相关部分的内容。

2. 了解示波器基本工作原理。

3. 当波形在荧光屏上显示时,其在 X 轴(水平方向)的读数代表什么? 其在 Y 轴(垂直方向)的读数代表什么?

1.2.5　思考题

1. 校准示波器的目的是什么? 包含哪些主要步骤?

2. 示波器开机前要按表 1.1-3 的规定对面板的旋钮进行设置,其中有 4 个旋钮设置为中央位置,试说明原因。

3. 在实验内容的 2 中,如何从示波器的显示屏上确认该信号的脉冲宽度为 $\tau=10\,\mu s$?

4. 用 F05 型数字合成函数信号发生器产生窄脉冲信号的关键步骤是什么?

5. 用示波器的 CH1 通道测量方波信号 Vpp=2 V,f=3 kHz,CH2 通道测量正弦波信号 Vpp=1 V,f=30 kHz,可否同时观察到两个稳定的信号波形? 为什么?

6. 要在示波器上得两信号叠加的波形,不用加法器,示波器的面板控件应如何设置?

7. 用一台工作性能良好的示波器观察某一正弦信号,在示波器荧光屏上产生了如图 1.2-1 所示的波形。请指出产生的原因,并简要说明怎样才能调出正常波形。

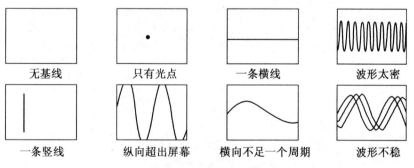

图 1.2-1　示波器显示屏上产生的 8 种情况

1.2.6　实验报告要求

1. 记录各实验内容的波形,并在坐标纸上标出相应的幅度、周期、设置等参数。

2. 写出实验内容 3 的具体操作步骤。

3. 回答思考题。

4. 心得体会。

1.3 EWB 的基本操作

1.3.1 EWB 电子工作平台简述

EWB 是电子工作平台 Electronics Workbench 的简称，是由加拿大 Interactive Image Technologies Ltd. 公司 1988 年研制开发的电路仿真设计软件，被称为电子设计工作平台或虚拟实验室。该仿真软件是利用计算机对电路的数学表达式进行数值计算，在计算过程中 EWB 软件对每一个元件都建立了数学模型，在一般教学实验中，如果选用的模型足够精确，则模拟仿真的结果将真实地反映电路的特性。

EWB 提供了各种仿真的元器件库和包括示波器、函数信号发生器、波特仪、频谱仪、万用表和逻辑分析仪等常用实验仪器在内的仿真电子设备。当用户进行仿真时，操作这些仿真仪器就像操作实际仪器一样方便快捷。

EWB 具有界面直观、操作方便等优点，创建电路、选用元件和测试仪器等可直接从屏幕图形中选取。

信号与系统实验的多数实验内容可以在此平台上进行仿真，有些实际仪器不能实现的实验也可以在此平台上仿真实现，是信号与系统实验最方便快捷的实验平台。

1.3.2 EWB 的基本界面

1. EWB 的主窗口

启动 EWB5.0，可以看到如图 1.3-1 所示。

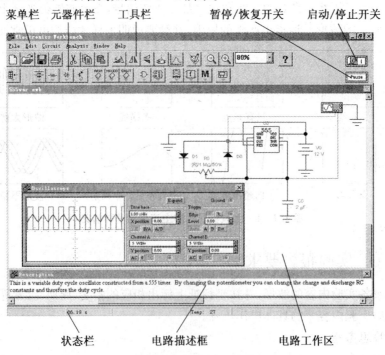

图 1.3-1　EWB 主窗口

从图中可看出,EWB 模拟了一个实际的电子实验台。主窗口最大的区域是电路工作区,在这里可以进行电路的连接和测试。电路工作区下面是阐述区,可用来对电路进行说明。电路工作区上方是菜单栏、工具栏、元器件栏。从菜单栏可以选择对电路连接的各种分析,实验所需的各种命令。工具栏包含了常用的操作命令按钮。元器件栏包含了电路实验所需的各种元器件与测试仪器。通过鼠标操作即可方便地使用各种命令和实验设备。按下"启动/停止"开关或"暂停/恢复"按钮可以方便地控制实验的进程。

2. EWB 的工具栏

图 1.3 - 2 是对工具栏简单的标注。

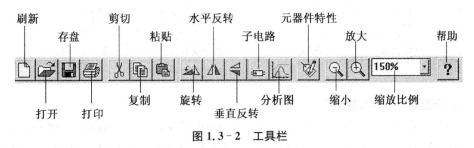

图 1.3 - 2　工具栏

3. 元器件库栏

图 1.3 - 3 对元器件库栏给出标注。

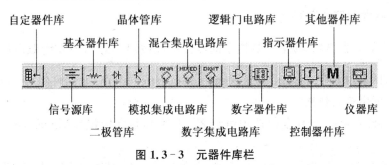

图 1.3 - 3　元器件库栏

单击元器件库栏的某一个图标,即可打开该元器件库。

1.3.3　元器件的操作

1. 元器件的选用

选用元器件时,首先在元器件库栏中单击包含该元器件的图标,打开该元器件库。然后从该元器件库中将该元器件拖曳至电路工作区。

2. 选中元器件

在连接电路时,常常需要对元器件进行必要的操作,如移动、旋转、删除、设置参数等,这就需要选中该元器件。要选中某个元器件可使用鼠标器的左键单击该元器件,如果还要选中第 2 个,第 3 个……可以反复使用 Ctrl+单击这些元器件。被选中的元器件以红色显示,便于识别。

此外,拖曳某个元器件也同时选中了该元器件。

要取消某一个元器件的选中状态,可以使用 Ctrl+单击。要取消所有被选中元器件的选中状态,只需单击电路工作区的空白部分即可。

3. 元器件的旋转与反转

这可以先选中该元器件,然后使用工具栏的"旋转"按钮 、"水平反转"按钮 、"垂直反转"按钮 ,使元器件按需要旋转与反转。元器件旋转和反转的含义见图1.3-4。

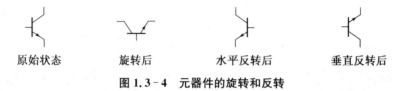

原始状态　　　　旋转后　　　　水平反转后　　　　垂直反转后

图1.3-4　元器件的旋转和反转

4. 元器件的复制、删除

对选中的元器件,使用 Edit/Cut(编辑/剪切),Edit/Copy(编辑/复制)和 Edit/Paste(编辑/粘贴),Edit/Delete(编辑/删除)等菜单命令可以分别实现元器件的复制、移动、删除等操作。此外,直接将元器件拖曳到元器件库(打开状态)也可实现删除操作。

5. 元器件数值的设置

在选中的元器件后,按下工具栏中的器件特性按钮 ,或左键双击该选中的元器件,或选择菜单命令 Circuit/Component Properties(电路/元器件特性)会弹出相关的对话框,可供输入数据。

器件特性对话框具有多种选项可设置,包括 Label(标识),Models(模型),Value(数值)等。

当元器件比较简单时,会出现 Value(数值)选项,其对话框可以设置元器件的参数。

1.3.4　导线的操作

1. 导线的连接

首先将鼠标指向元器件的端点使其出现一个小圆点,如图1.3-5(a)所示;按下鼠标左键拖曳出一根导线如图1.3-5(b);拉住导线并指向另一个元器件的端点使其出现如图1.3-5(c);释放鼠标左键,则导线连接完成如图1.3-5(d)所示。

(a)　　　　　　(b)　　　　　　(c)　　　　　　(d)

图1.3-5　导线的连接

2. 连线的删除与改动

将鼠标器指向元器件与导线的连接点使出现一个圆点,如图 1.3-6(a)所示;按下左键拖曳该圆点使导线离开电器件端点,如图 1.3-6(b)所示;释放左键,导线自动消失,完成连线的删除,如图 1.3-6(c)所示;也可将拖曳移开的导线连至另一个接点,实现连线的改动,如图 1.3-6(d)。

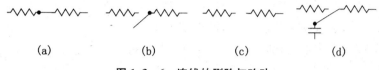

(a)   (b)   (c)   (d)

图 1.3-6 连线的删除与改动

3. 向电路插入元器件

可以将元器件直接拖曳放置在导线上,如图 1.3-7(a)所示,然后释放即可插入电路中,如图 1.3-7(b)所示。

(a)   (b)

图 1.3-7 向电路插入元器件

4. 从电路删除元器件

选中该元器件,按下 Delete 键即可。

5. "连接点"的使用

"连接点"是一个小圆点,存放在无源元件库中,一个"连接点"最多连接来自四个方向的导线。可以在选中后直接将"连接点"插入连线中,还可以给"连接点"赋予标识,如图 1.3-8 所示。

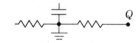

图 1.3-8 "连接点"的使用

1.3.5 仪器的操作

EWB 的仪器包括仪器库和信号源库的各种信号源。各种信号源在使用时相当于各种类型的信号发生器,整个信号源库就是一个特别丰富的信号发生器库。其中时钟源相当于周期性矩形脉冲信号发生器,可以按需要调节其占空比;多项式源、非线性相关源等特殊的信号源在信号与系统实验中,有着其他平台不可替代的作用。

1. 仪器的选用与连接

选用可从仪器库中将相应的仪器图标拖曳到工作区。仪器上有连接端用于将仪器连入电路。不用的仪器可拖曳回仪器库中,与仪器相连的导线会自动消失。

2. 仪器库及仪器参数的设置

仪器库如图 1.3-9 所示。共有 7 种仪器,前 4 种为模拟仪器,后 3 种为数字仪器,它们均只有一台。使用时,选中某个仪器的图标,然后按住左键把该仪器图标拖拽到工作区即可。在连接电路时,仪器以图标的方式存在。需要观察测试数据与波形或者需要设置仪器参数时,可以双击仪器图标打开仪器面板进行设置。

图 1.3－9 仪器库

除了仪器库的 7 种仪器外,元器件库中的信号源在使用时,也相当于信号发生器。信号源库如下图 1.3－10 所示,需调用某个信号源时,只要把该信号源拖拽到工作区即可。在工作区选中信号源后,点击 EWB 主窗口菜单栏的"Help"可以看到该信号源的英文使用说明。信号源参数的设置与仪器库的相同,双击该信号源图标即可打开相关的对话框进行设置。

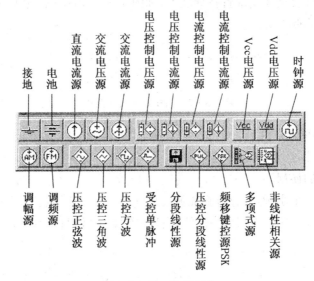

图 1.3－10 信号源库

例如,拖拽上图中的交流电压源 到工作区,选中该信号源,左键双击,出现如图 1.3－11 中的对话框。

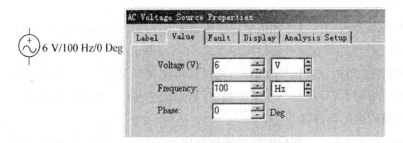

图 1.3－11 交流电压源对话框

在对话框中填上相应的参数,该信号源就被设定为需要的正弦交流电压源,可以接在电路中工作了,如上图中左边的信号源就是已设置过的信号源。

3. 非线性相关源的使用

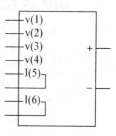

在信号源库中,时钟源(其占空比可设置)、交流电压源、调幅源、非线性相关源等是信号与系统实验中常用的信号源。如,非线性相关源还可以实现某些运算,用来模拟一个器件或系统。非线性相关源的图标如图 1.3－12 所示。

图 1.3－12　非线性相关源图标

该信号源共有 6 个输入端和 1 个输出端。其中有 4 个电压信号输入端和 2 个电流信号输入端;输出端可以是电压变量,也可以是电流变量。各输入端的信号可以进行如下数学关系的运算:＋、－、×、/、∧、abs、asin、sin、acos、cos、exp、atan、tan、sqrt、u(单位阶跃函数)、uramp(单位阶跃函数积分)等。

例如,建立一个相加运算的电路如下图 1.3－13 所示。

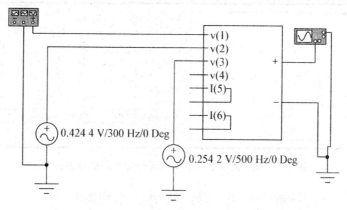

0.424 4 V/300 Hz/0 Deg

0.254 2 V/500 Hz/0 Deg

图 1.3－13　应用非线性相关源的相加运算的电路

在图 1.3－13 中,v(1)的波形由函数信号发生器的参数决定,见图 1.3－14 函数信号发生器的面板设置;v(2)、v(3)的波形分别由设置的交流电压源的参数确定,该非线性相关源的输出信号则是由在其对话框中填入的表达式决定。左键双击该电路图中的非线性相关源图标,出现如图 1.3－15 所示的对话框,在该对话框中填入表达式"v＝v(1)＋v(2)＋v(3)",其输出 v＝v(1)＋v(2)＋v(3) 的结果如图 1.3－16 中示波器的显示所示。

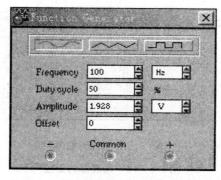

图 1.3－14　函数信号发生器的面板设置

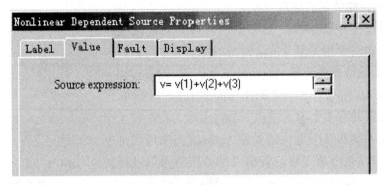

图 1.3-15　在非线性相关源的对话框中填入表达式

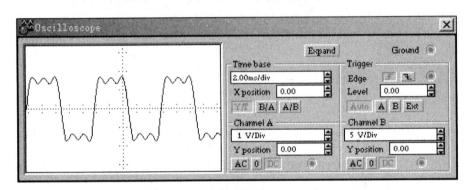

图 1.3-16　图 1.3-13 中非线性相关源的输出波形

　　若在图 1.3-15 的对话框中填入另一个表达式,则得出另一个结果。应用该非线性相关源,可以方便快捷地得到信号进行运算后的波形图。

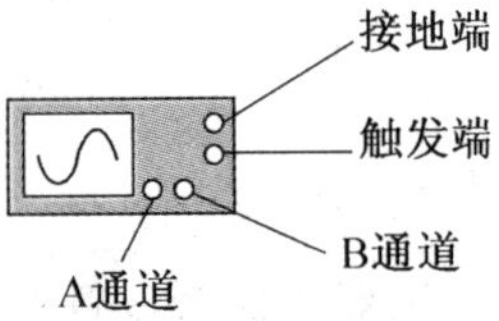

4. 示波器的使用

　　示波器的图标如图 1.3-17 所示,示波器的面板如图 1.3-18 所示。

　　示波器各部分的测试按钮说明见图 1.3-19(a)(b)(c)所示。

接地端
触发端
B通道
A通道

图 1.3-17　示波器图标

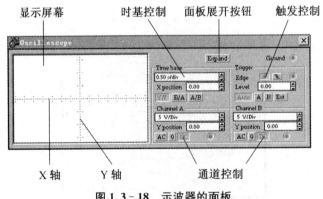

显示屏幕　　时基控制　面板展开按钮　触发控制

X轴　　Y轴　　通道控制

图 1.3-18　示波器的面板

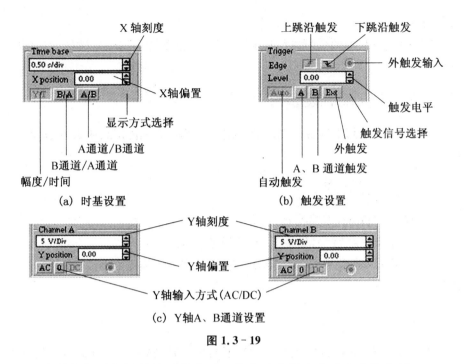

（a）时基设置　　　　　　　　　（b）触发设置

（c）Y 轴 A、B 通道设置

图 1.3－19

EWB 中其他相关仪器的使用将在后面的实验中结合实验内容作介绍。

1.4　信号运算实验

1.4.1　实验目的

1. 学会用 EWB 提供的有关信号源、示波器对信号运算进行分析和研究。
2. 掌握 EWB 中有关信号源、示波器的基本使用方法。

1.4.2　实验内容

1. 调用信号源中的交流电压源，设置其参数为幅度 v＝1 V，频率为 500 Hz 的正弦波，作为 v(1) 的信号源。调用函数信号发生器，设置其输出正弦信号，幅度 v＝1 V，频率为 1.6 Hz，作为 v(2) 信号源，设置输出信号为该两信号源是相加的关系。用示波器测量并记录输出信号波形。

2. 调整函数信号发生器输出方波信号 U＝1 V，频率为 50 Hz，占空比为 50％，作为 v(1) 的输入信号。调用交流电压源设置其 v＝1 V，f＝400 Hz，作为 v(2) 的输入信号，输出信号仍是两信号相加。观察并记录输出信号的波形。

3. 把前面两题的两信号的相加关系改变为相乘关系，分别观察并记录输出信号的波形。

4. 离散信号 $f_s(t)$ 可以由连续信号 $f(t)$ 与开关函数 $s(t)$ 相乘获得。试调用一正弦信号源 Vpp＝1.5 V，f＝200 Hz 作为 $f(t)$。调用时钟源使其产生 Vpp＝4 V，f＝10 kHz，τ＝30％的脉冲信号，用非线性相关源获得离散信号 $f_s(t)$。用示波器观察并记

录 $f_s(t)$ 的波形。

5. 选择自己感兴趣的信号进行相关的数学运算,研究运算前后波形变化所反映的问题。

1.4.3　实验仪器设备

EWB平台及 EWB 中的交流电压源、时钟源、非线性相关源、函数信号发生器、示波器。

1.4.4　预习要求

1. 有关 EWB 的简介及基本操作部分。

2. 有关示波器、函数信号发生器的设置与连接方式。

3. 时域两信号(波形不同、频率不同)相加的实质是什么? 两信号相乘会有什么结果?

1.4.5　思考题

1. 函数信号发生器设置输出信号的幅度为 1 V 时,其峰—峰值是多少? 交流电压源设置为 1 V 时,其峰峰值是多少? 函数信号发生器与交流电压源在设置输出信号的幅度上有什么不同?

2. 从实验内容 3 中方波信号与正弦信号相乘的输出波形中是否可以看出方波与该信号相乘可以实现对原信号的均匀截取作用,为什么?

3. 从两正弦信号相乘的输出波形中可以看出该两信号之间存在什么关系,为什么?

4. 分析离散信号 $f_s(t)$ 的周期与 $s(t)$ 的周期之间的关系。

1.4.6　实验报告要求

1. 记录各实验内容的波形,并在坐标纸上标出相应的幅度、周期、设置等参数。

2. 写出实验内容 4 的具体操作步骤。

3. 回答思考题。

4. 心得体会。

1.5　Multisim 使用简介

1.5.1　概述

Multisim 是在 EWB 的基础上发展来的,可以说 Multisim 是 EWB 的升级版。EWB 是加拿大 Interactive Image Technologies 公司(交互图像技术有限公司)在九十年代初推出的 EDA 软件,用于模拟电路和数字电路的混合仿真,利用它可以直接从屏幕上看到各种电路的输出波形。EWB 小巧,常用的 5.0 版本只有 6M 左右,而且免安装。Multisim 也是该公司继 EWB 后推出的以 Windows 为基础的仿真工具,该公司被美国国家仪器(NI)有限公司收购后,更名为 NI Multisim。加拿大交互图像技术有限公司在被收购前推出的 EWB 和 Multisim 版本包括:EWB4.0、EWB5.0、EWB6.0、Multisim2001、Multisim 7 和 Multisim 8;美国国家仪器(NI)有限公司推出的版本包括:Multisim 9、Multisim 10.0、Multisim 11.0。

Multisim9.0 开始推出了 3D 模拟实验板环境(包括 NI ELVIS I 和 NI ELVIS II 系列)。在该模拟环境中,学生可以方便找到硬件原型。在进入实验室前,学生可以在该 3D 环境下建立自己的电路并进行试验。在 3D 模拟实验板环境下,使用真实的元件图片替代了传统的图解符号,有助于迅速理解图解和实际电路设计的差别。

1.5.2　Multisim 的基本界面

1. Multisim 的主窗口

启动 Multisim10.0,可以看到如图 1.5-1 所示窗口。

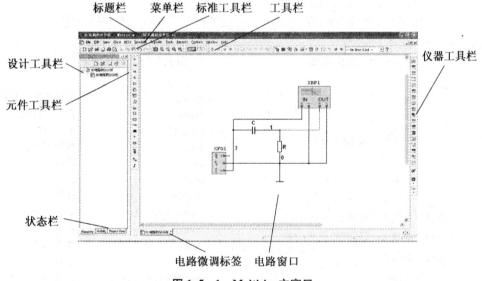

图 1.5-1　Multisim 主窗口

2. Multisim 的菜单栏

Multisim 的界面与所有的 Windows 应用程序一样,可以在主菜单中找到各个功能的命令。文件(File)菜单如图 1.5-2 所示;编辑(Edit)菜单如图 1.5-3 所示;视图(View)菜单及工具栏(Toolbars)菜单命令列表如图 1.5-4 所示;Place 菜单如图 1.5-5 所示;MCU 菜单如图 1.5-6 所示;仿真(Simulate)菜单如图 1.5-7 所示;传送(Transfer)菜单如图 1.5-8 所示;工具(Tools)菜单如图 1.5-9 所示;报告(Reports)菜单如图 1.5-10 所示;设置(Options)菜单如图 1.5-11 所示;窗口(Window)菜单如图 1.5-12 所示;帮助(Help)菜单如图 1.5-13 所示。

图 1.5-2　文件菜单

图 1.5-3　编辑菜单

图 1.5-4　视图菜单及工具栏菜单命令列表

Component...	Ctrl+W	元件
Junction	Ctrl+J	节点
Wire	Ctrl+Q	导线
Bus	Ctrl+U	总线
Connectors	▶	连接器
New Hierarchical Block...		创建新的层次模块
Replace by Hierarchical Block	Ctrl+Shift+H	替换层次模块
Hierarchical Block from File...	Ctrl+H	创建新的子电路
New Subcircuit	Ctrl+B	替换子电路
Replace by Subcircuit	Ctrl+Shift+B	
Multi-Page		多页设置
Merge Bus...		总线合并
Bus Vector Connect...		总线矢量连接
Comment		标注
Text	Ctrl+T	文本
Graphics	▶	制图
Title Block...		图明细表

图 1.5‑5　Place 菜单

No MCU Component Found		没有创建MCU器件
Debug View Format		调试格式
MCU Windows...		MCU窗口
Show Line Numbers		显示线路数目
Pause		暂停
Step into		进入
Step over		跨过
Step out		离开
Run to cursor		运行到指针
Toggle breakpoint		设置断点
Remove all breakpoints		移出所有的断点

图 1.5‑6　MCU 菜单

Run	F5	运行
Pause	F6	暂停运行
Stop		停止
Instruments	▶	虚拟元件
Interactive Simulation Settings...		交互仿真设置
Digital Simulation Settings...		数学仿真设置
Analyses	▶	分析方法
Postprocessor...		后仿真
Simulation Error Log/Audit Trail		仿真误差记录/查账索引
XSpice Command Line Interface		XSpice命令行界面
Load Simulation Settings...		导入仿真设置
Save Simulation Settings...		保存仿真设置
Auto Fault Option...		自动差错选项
VHDL Simulation		VHDL仿真
Dynamic Probe Properties		动态探针属性设置
Reverse Probe Direction		反探针方向
Clear Instrument Data		清除仪器数据
Use Tolerances		全部元件容差设置

图 1.5‑7　仿真菜单

Transfer to Ultiboard 10	将电路图传送到Ultiboard 10
Transfer to Ultiboard 9 or earlier	传送到Ultiboard 9或其他早期版本
Export to PCB Layout	输出PCB设计图
Forward Annotate to Ultiboard 10	创建Ultiboard 10注释文件
Forward Annotate to Ultiboard 9 or earlier	创建Ultiboard 9或其他早期版本注释文件
Backannotate from Ultiboard	修改Ultiboard注释文件
Highlight Selection in Ultiboard	加亮所选的Ultiboard
Export Netlist	输出网表

图 1.5‑8　传送菜单

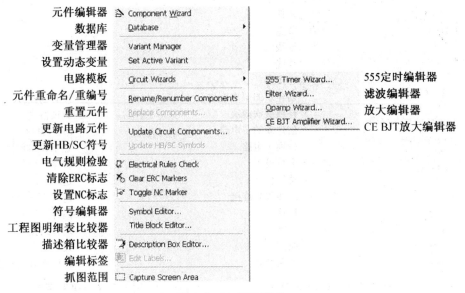

元件编辑器	Component Wizard
数据库	Database
变量管理器	Variant Manager
设置动态变量	Set Active Variant
电路模板	Circuit Wizards
元件重命名/重编号	Rename/Renumber Components
重置元件	Replace Components...
更新电路元件	Update Circuit Components...
更新HB/SC符号	Update HB/SC Symbols
电气规则检验	Electrical Rules Check
清除ERC标志	Clear ERC Markers
设置NC标志	Toggle NC Marker
符号编辑器	Symbol Editor...
工程图明细表比较器	Title Block Editor...
描述箱比较器	Description Box Editor...
编辑标签	Edit Labels...
抓图范围	Capture Screen Area

555 Timer Wizard...	555定时编辑器
Filter Wizard...	滤波编辑器
Opamp Wizard...	放大编辑器
CE BJT Amplifier Wizard...	CE BJT放大编辑器

图 1.5 - 9　工具菜单

Bill of Materials	器材清单
Component Detail Report	元件细节报告
Netlist Report	网络表报告
Cross Reference Report	元件交叉参照表
Schematic Statistics	简要统计报告
Spare Gates Report	未用元件门统计报告

图 1.5 - 10　报告菜单

Global Preferences...	全部参数设置
Sheet Properties...	页面特性
Customize User Interface...	定制用户界面

图 1.5 - 11　设置菜单

New Window	建立新窗口
Close	关闭窗口
Close All	关闭所有窗口
Cascade	层叠
Tile Horizontal	水平平铺
Tile Vertical	垂直平铺
1 RC电路积分分析 *	当前窗口
Windows...	窗口选择

图 1.5 - 12　窗口菜单

Multisim Help	F1	Multisim帮助
Component Reference		元件参考信息
Release Notes		提示
Check For Updates...		更新检查
File Information...	Ctrl+Alt+I	文件信息
Patents...		专利信息
About Multisim...		关于Multisim

图 1.5 - 13　帮助菜单

3. 元器件的操作

元件栏菜单如图 1.5 - 14 所示,该库中的元件均为真实元件。

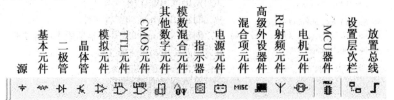

图 1.5 - 14　元件栏菜单

单击每个元件组都会出现一个界面,每个元件组的界面相似,下面以 Source 元件组界面(如图 1.5-15)为例说明。

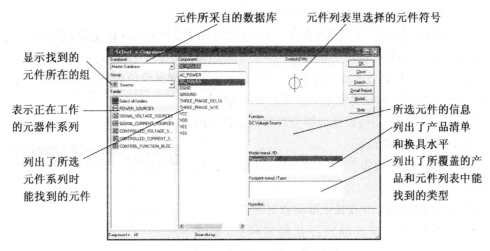

图 1.5-15 Source 元件组选择界面

元件的选用、复制、删除及参数设置,导线的连接、删除及改动等操作与 EWB 类似,详细操作方法可参见帮助菜单。

4. 仪器的使用

仪表工具栏如图 1.5-16 所示,仪表工具栏是进行虚拟电子实验和电子设计仿真最快捷而又形象的特殊窗口,也是 Multisim 最具特色的地方。

图 1.5-16 仪表工具栏

Multisim 在 EWB 的基础上增加了频谱分析仪,可以用来分析信号的频域特性,Multisim 提供的频谱分析仪频率上限为 4 GHz。频谱分析仪图标如图 1.5-17 所示,IN 端连接待分析信号输入端,T 连接触发端。使用界面如图 1.5-18 所示,主要包含以下几个部分:

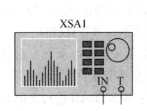

图 1.5-17 频谱分析仪图标

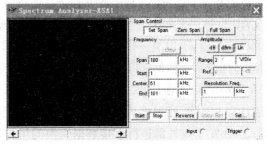

图 1.5-18 频谱分析仪使用界面

Span Control 区:单击 Set Span 按钮时,其频率范围由 Frequency 区域设定;单击 Zero Span 按钮时,频率范围仅由 Frequency 区域的 Center 栏设定的中心频率确定;单击 Full Span 按钮时,频率范围设定为 0~4 GHz。

Frequency 区:用于设置频率范围。Span 设定频率范围;Start 设定起始频率;Center 设定中心频率;End 设定中止频率。

Amplitude 区:设置坐标刻度单位。dB 代表纵坐标刻度单位为 dB;dBm 代表纵坐标刻度单位为 dBm;Lin 代表纵坐标刻度单位为线性。

Resolution Freq. 区:设置能够分辨的最小谱线间隔。

其他按钮的说明如下:

单击 Start 按钮代表开始启动分析;Stop 按钮代表停止分析。

Reverse 按钮用于改变显示屏幕背景颜色。

Set… 按钮用于设置触发源及触发模式,如图 1.5-19 所示。触发设置对话框共分为 4 个部分内容:Trigger Source 区用于设置触发源,Internal 选择内部触发源,External 选择外部触发源。Trigger Mode 区用于设置触发方式,Continous 为连续触发方式,Single 为单次触发方式。Threshold Volt(V)为门限电压值。FFT Point 为傅里叶变换点。

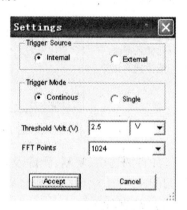

图 1.5-19　触发设置对话框

1.6　MATLAB 使用简介

1.6.1　概述

MATLAB 软件是由美国 Mathworks 公司推出的用于数值计算和图形处理的科学计算系统环境。MATLAB 是英文 MATrix LABoratory(矩阵实验室)的缩写。在 MATLAB 环境下,用户可以集成地进行程序设计、数值计算、图形绘制、输入输出、文件管理等各项操作。

MATLAB 提供了一个人机交互的数学系统环境,该系统的基本数据结构是矩阵,在生成矩阵对象时,不要求作明确的维数说明。与利用 C 语言或 FORTRAN 语言作数值计算的程序设计相比,利用 MATLAB 可以节省大量的编程时间。在工程技术界,MATLAB 也被用来解决一些实际课题和数学模型问题。典型的应用包括数值计算、算法预设计与验证,以及一些特殊的矩阵计算应用,如自动控制理论、统计、数字信号处理(时间序列分拆)等,MATLAB 已经成为国际控制界公认的标准计算软件。

MathWorks 公司于 2001 年推出 MATLAB6.0 版本,6.x 版在继承和发展其原有的数值计算和图形可视能力的同时,出现了以下几个重要变化:① 推出了 SIMULINK;② 开发了与外部进行直接数据交换的组件,打通了 MATLAB 进行实时数据分析、处理和硬件开发的道路;③ 推出了符号计算工具包;④ 构作了 Notebook。Math-

Works 公司瞄准应用范围最广的 Word,运用 DDE 和 OLE,实现了 MATLAB 与 Word 的无缝连接,从而为专业科技工作者创造了融科学计算、图形可视、文字处理于一体的高水准环境。

作为实验技术基础之一,对 MATLAB 的使用本节将给出简单的使用说明,更多的使用,编程将结合实验内容在后面的章节介绍。对 MATLAB 的进一步了解可使用 MATLAB 在线帮助,或参考其他有关的书籍。

1.6.2　MATLAB 的视窗环境与命令使用

如果计算机上已经安装了 MATLAB 6.1 以上版本软件,用鼠标双击 MATLAB 图标,就会产生一个如图 1.6-1 所示的操作桌面。

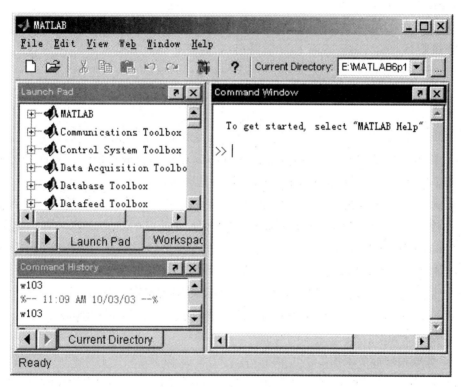

图 1.6-1　MATLAB 操作桌面

该操作桌面包括 5 个窗口:

- 命令窗口(Command Window);
- 工作空间窗口(Workspace);
- 当前目录窗口(Current Directory);
- 命令历史窗口(Command History);
- 启动平台(Launch Pad)。

此操作桌面的布局为系统的缺省方式:命令窗口在桌面右侧的位置;启动平台和工作空间窗口共用同一窗口位置,可以通过该窗口底边的窗口标签或箭头来切换;命令历史窗口和当前目录窗口也共用同一窗口位置,也是通过该窗口底边的窗口标签或箭头来切换。

在显示的每个窗口的右上角,除了关闭按钮 ⊠ 外,还有按钮 ↗ ,点击按钮 ↗ 就使该窗口脱离操作桌面而成为独立窗口。每个独立窗口都有与该操作桌面相同的菜单栏,其中在 View 菜单的 Desktop Layout 子菜单项提供了"Default"(缺省的布局方式),因此无论桌面在哪种独立窗口或哪种布局情况下,都可以通过在 View 菜单下选择"Default",使桌面恢复成上图的操作桌面形式。

命令窗口是用户的主要工作空间,用于输入命令、函数、向量、表达式等信息,并显示除图形以外的所有结果。在 MATLAB 启动后该窗口显示提示符">>",用户在提示符后可以键入命令,并按下回车键后,系统会即时给出运算结果。

如在命令窗口中输入命令

a=[1 2 3;4 5 6;7 8 9]↙

系统解释此指令为输入一个 3×3 矩阵的值,显示如下结果

a=

    1 2 3

    4 5 6

    7 8 9

如果要退出 MATLAB,只要在命令窗口中键入 quit↙ 或单击操作界面的关闭按钮即可。注意:所有命令都要加回车键,否则不显示结果。

与命令窗口密切相关的另一个窗口是工作空间窗口。当 MATLAB 启动后,系统会自动建立一个内存空间用于存储用户在命令窗口中定义的变量、结果和有关数据,此内存空间称为工作空间"workspace"。因此工作空间窗口用于显示工作空间中所有变量的名称、大小、字节数及数据类型。在 MATLAB 启动时该窗口显示为空,此后用户在命令窗口输入的变量、运行中建立的变量及结果的变量等都被存储,并显示在该工作空间窗口中,直到使用 clear 命令清除了工作空间或关闭了 MATLAB 系统为止。

主要命令介绍:

1. 在线帮助命令使用

• help 如果用户知道某个主题(题目)的名字,用命令 help 就会直接在命令窗口中得到帮助的信息。命令形式为:

help 主题(题目)↙

例如:

help sin↙

就会得到如下解释:

SIN˙ sine

SIN(X) is the sine of the elements of x

Overloaded methods

help sym/sin. m

单独使用 help 命令,MATLAB 将列出所有的主题。

- lookfor　可以根据你键入的完整或不完整的关键词列出所有相关的题材,与 help 相比,lookfor 搜索的范围更广,可查到包含某个主题中的所有词组或短语。lookfor 的命令形式与 help 相同。

- 模糊查询　是 MATLAB6.0 以后的版本提供的一种查询方法。用户只要输入命令的前几个字母,然后按 Tab 键,MATLAB 就会列出所有以这几个字母开始的命令,用户就可以从中找出自己需要的那条命令的确切写法,进而再通过 help 命令查询其详细信息。

2. 工作窗口常用命令

- who　在命令窗口显示在当前工作空间中所有的变量名。

- whos　在命令窗口不仅显示当前工作区中所有的变量名,还显示变量的大小、字节数和类型。

- clear　清除命令,清除当前工作空间窗口的所有变量,如果只清除一个变量 x,命令形式为:

　　　clear　x↙

- save　将工作区所有的变量储存到扩展名为.mat 的二进制 mat 文档中。

　　如 save A1↙将工作区所有的变量储存到文件名为 A1.mat 的二进制 mat 文档中。

　　也可以用 File 菜单中 save workspace as…完成同样的工作。

- save↙ 文件名缺省,将工作区的所有变量储存到名为 MATLAB.mat 的二进制 mat 文档中。

- load　读取(调入)二进制 mat 文档命令。

　　如 load A2↙　读取 A2.mat 文件中所有的变量到工作区中。

　　　load A2 a　b↙　只读取 A2.mat 文件中的变量 a、b 到工作区中。

- clc　擦除命令窗口中显示的所有内容。

- clf　擦除当前图形窗口中的图形。

- dir　在命令窗口列出当前目录下的文件及子目录清单。

- exit　关闭并退出 MATLAB。

- path 搜索命令,命令形式:path　显示目前的搜索路径。可以此来决定如何执行需调用的函数及命令。你也可以用 File 菜单中的 set path 观察和修改路径。

3. 命令行常用功能键

MATLAB 的命令窗口提供了命令行编辑功能,方便命令行的输入和修改。常用行编辑键功能如下表 1.6-1 所示。

表 1.6-1　常用行编辑键功能表

按键	快捷键	功　能	按键	快捷键	功　能
↑	Ctrl+p	调出前一命令行	Home	Ctrl+a	光标移到行首
↓	Ctrl+n	调出后一命令行	End		光标移到行尾
←	Ctrl+b	光标左移一个字符	Page Up		向前翻页

(续表)

按键	快捷键	功　能	按键	快捷键	功　能
→	Ctrl+f	光标右移一个字符	Page Down		向后翻页
Backspace	Ctrl+h	删除光标左边的字符	Ctrl+Home		把光标移到命令窗口首
	Ctrl+k	删除光标右边的字符至行尾	Ctrl+End		把光标移到命令窗口尾
Esc	Ctrl+u	删除还没有按↙的命令行	Ctrl+c		中断正在执行的命令或程序

1.6.3　语句、变量、函数和表达式

1. 语句形式

MATLAB 语句的一般形式为：

变量＝表达式

如果你只输入表达式并按回车键,省略变量和"＝",系统则自动建立一个名为"ans"的变量来储存运算结果,并在命令窗口显示 ans＝与该表达式的计算结果,如：

>> 3＋6↙

ans＝

　　9

如果一行中同时有几个语句,它们之间要用逗号或分号隔开即可。如果一个表达式太长,则用续行号…将其延续到下一行。每一个需要显示结果的语句一定要以回车键结束,否则系统只进行计算,不显示计算结果。

MATLAB 的基本运算符与其他程序设计语言大体相同。MATLAB 的基本算术运算为加、减、乘、除、幂次方,运算的次序为:算式从左向右执行,幂次方的优先级最高,乘、除次之,最后是加减,若有括号,则括号先执行。

2. 变量

MATLAB 的变量名由字母、数字和下划线组成,最多 31 个字符,字符间不可留空格,第一字符必须是字母,区分大小写。与一般程序设计语言不同,MATLAB 对变量不需要任何类型的说明或维数语句,当输入一个新变量名时,系统自动生成变量,为其分配合适的内存空间。如果要了解变量的当前数值,只需直接输入变量名即可,前述的"whos"变量可查看当前工作区的所有变量和详细信息。

除了用户自己定义的变量外,系统还提供几个用户不能清除的特殊变量,如表1.6-2所示。

表 1.6－2　MATLAB 系统特殊变量

特殊变量	意　义
ans	如果用户未定义变量名,系统提供的用于储存运算结果的变量名
pi	圆周率 π（＝3.141 592 65……）
Inf	无穷大,即∞值如 1/0
NaN 或 nan	不定值,特指 0/0 或 inf/inf
i 或 j	虚数单位　i＝　j ＝　sqrt（－1）

3. 函数

MATLAB 提供了大量的函数,可分为标量函数、向量函数和矩阵函数 3 种类型,这里先介绍标量函数和向量函数。

标量函数包括三角函数与基本函数。

三角函数:sin、cos、tan、cot、sec、csc、asin、acos、atan、acot、asec、acsc 等。

其他基本函数:sqrt,exp,log,log10,abs(绝对值或复数模),round(四舍五入取整),floor(向－∞方向取整),ceil(向＋∞方向取整),fix(向 0 方向取整),sign(符号函数),real(取实部),imag(取虚部),argle(取幅角),rats(有理逼近)等。

这些函数本质上是作用于标量的,当它们作用于矩阵(或数值)时,是作用于矩阵(或数组)的每一个元素。

向量函数:这些函数只有作用于(行或列)向量时才有意义,所以称为向量函数。常用的有 max、min、sum(和)、length(长度)、mean(平均值)、median(中值)、prod(乘积)、sort(从小到大排列)。

4. 表达式

表达式由变量名、常数、函数和运算符构成,因此本节开头的语句形式实际上是两种形式:表达式或变量＝表达式。

5. 数据显示格式

MATLAB 显示数据结果时,一般遵循以下原则:如果数据是整数,则显示整数;如果数据是实数,在缺省情况下显示小数点后 4 位数字。一般也可以用下面表格里的 MATLAB 命令来选择不同的数据显示格式。事实上 MATLAB 总是以双精度执行所有的运算,因此选择显示结果的形式只影响结果的显示,并不影响数据的计算与存贮。以圆周率 π 为例,表示控制数据显示的格式如表 1.6－3 所示。

表 1.6－3　MATLAB 控制数据显示格式的命令

MATLAB 命令	含　义	显　示
format short	短格式	3.1416
format short e	短格式科学格式(5 位科学计数)	3.1416e＋000
format long	长格式	3.14159265358979
format long e	长格式科学格式	3.141592653589793e＋000
format rat	有理格式	355/113
format bank	银行格式	3.14

例如：

>> pi ↙

ans =

3.141 6

>> format long ↙

>> pi ↙

ans =

3.14159265358979

1.6.4 矩阵与向量

矩阵是 MATLAB 进行数据处理和运算的基本元素,事实上通过一定的转化方法,都可以将一般的数学运算转化成相应矩阵运算来处理。如通常意义上的标量(数量)在 MATLAB 中是作为 1×1 的矩阵来处理,仅有一行,或一列的矩阵在 MATLAB 中称为向量。

1. 矩阵的生成:有直接输入的形式,还有利用表达式生成以及调用专门生成各种特殊矩阵的函数的形式。直接输入的形式与通常书写形式类似,如:

>> A＝[11 12 13 ↙

        12 22 23] ↙

系统认为输入了一个 2×3 矩阵 A,屏幕上显示输出变量为:

>> A＝

      11 12 13

      12 22 23

矩阵中的元素可以用它的下标表示,如:

>> a＝A(2,1) ↙

屏幕上显示:

>> a＝

      12

矩阵中的元素也可以用它的下标表示来修改,如:

>>A(2,1)＝9 ↙

    A ↙

屏幕上显示:

>> A＝

      11 12 13

       9 22 23

矩阵 A 输入后一直保存在工作空间中,可随时调用,除非被清除或被替代。

2. 向量　由于对仅有一行或一列的矩阵称为向量,可以认为矩阵是由一组向量构成,向量是矩阵的组成元素,因此可以将矩阵运算分解成一系列的向量运算。

向量可以用两种形式生成:

（1）利用"："号生成向量有两种格式：a＝m：n 和 a＝m：p：n

在第一种格式中，生成步长值为 1 的均匀等分向量，其中 m、n 为标量，分别代表向量的起始值和终止值，且 n＞m，如：

　　≫x＝1：6↙　将生成从 1 起始到 6 为止，步长值为 1 的行向量，并赋值给变量 X，结果为：

　　≫x＝1　2　3　4　5　6

第二种格式用于生成步长值为 p 的均匀等分向量，m、n 为标量，意义同上，如：

　　≫y＝1：2：15↙　将生成从 1 起始到 15 为止，步长为 2 的行向量 y，并赋值为 y，结果为：

　　≫y＝

　　　　1　3　5　7　9　11　13　15

再如：

　　≫z＝9：－2：1↙

　　≫z＝

　　　　9　7　5　3　1

（2）利用函数 linspace（）生成向量

该函数用于生成线性等分向量，其生成规律与冒号运算十分相似，不同之处是该函数除了给出向量的起始值、终止值以外，不需要给出步长值，而是给出向量元素的个数，其调用格式为：

- linspace(m,n)生成从起始值 m 开始到终止值 n 之间的线性等分的 100 个元素的行向量。

- linspace(m,n,s)生成从起始值 m 开始到终止值 n 之间的 s 个线性分点的行向量。如：

　　≫linspace(0,1,9)↙

结果为

　　≫ans＝

　　　　0　0.1250　0.2500　0.3750　0.5000　0.6250　0.7500　0.8750　1.0000

1.6.5　图形功能

MATLAB 中提供了丰富的图形功能。

1. 基本绘图函数

最常用的绘图函数为 plot。plot 的参数不同，在平面上画出的曲线不同。

plot(y)，当 y 为一向量时，以 y 的序号为横坐标 x，以向量 y 的值画曲线。如：

　　≫y＝[0　0.25　0.65　0.80　0.95　0.35]；plot(y)↙

生成的图形是以序号 1,2,…,6 为横坐标，向量 y 的数值为纵坐标画出的折线，如图 1.6－2 所示。

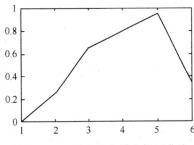

图 1.6‐2　以序号为横坐标画曲线

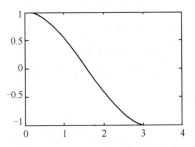

图 1.6‐3　以 x 向量为横坐标画曲线

plot(x,y),x,y 均为向量时,以 x 向量为横坐标,y 向量为纵坐标绘制曲线。例如:

>> x=linspace(0,pi,20);　y=cos(x);　plot(x,y)↙

生成的图形是[0,π]上 20 个点连成的光滑的正弦曲线,如图 1.6‐3 所示。

plot(x,y1,x,y2,…),是以公共的 x 元素为横坐标,以 y1,y2,…元素为纵坐标绘制多条曲线。

plot(x1,y1,'option1',x2,y2,'option2',…)

分别以向量 x1,x2,…作为横坐标,以 y1,y2,…的数据绘制多条曲线,每条曲线的属性由对应的选项 'option' 来确定。Option 指明该曲线对其线型、标记点、颜色的标注。

线型:"—"实线;":"点线;"—."虚点线;"——"波折线。

标记点:"."圆点;"+"加号;" * "星号;"x"x 型;"o"小圆。

颜色:y 黄;r 红;g 绿;b 蓝;w 白;k 黑;m 紫;c 青。

例如:

>> x=0:pi/15:4 * pi;

>> y1=sin(x);　y2=cos(x);

>> plot(x,y1,'r:',x,y2,'g‐.')↙ 结果如图 1.6‐4 所示。

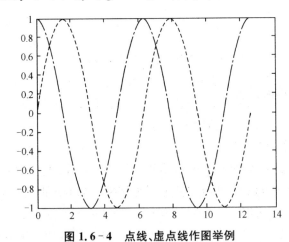

图 1.6‐4　点线、虚点线作图举例

图中的正弦曲线由红色的点线构成,余弦曲线由绿色的虚点线构成。

2. 网格与标记函数

grid on(off)　　　　　　　　给当前图形添加(取消)网格

xlabel('string')　　　　　　标记横坐标

ylabel('string')　　　　　　标记纵坐标

title('string')　　　　　　 给图形正上方加标题

text('string')　　　　　　　在图形的任意位置标记说明性文本信息

gtext('string')　　　　　　 用鼠标添加说明性文本信息

axis([xmin xmax ymin ymax])　设置坐标轴的最小最大值

例如:

>> x= linspace(0,2 * pi,30);　y=sin(x);　z=cos(x);

>> plot(x,y,x,z);

grid on;

xlabel('自变量 X');

ylabel('应变量 Y 和 Z');

title('正弦函数和余弦函数波形');

结果如图 1.6-5 所示。若再加以下命令语句:

grid off;

gtext('sinx'),gtext('cosx');

结果如图 1.6-6 所示。

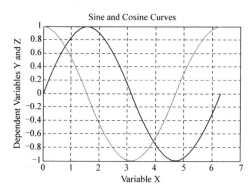

图 1.6-5　网格与标记函数应用举例

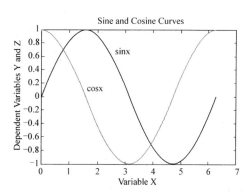

图 1.6-6　用鼠标添加说明性文本信息举例

1.6.6　M 文件

以上操作都是在 MATLAB 命令窗口中输入数据和命令进行计算的,是交互命令操作方式,在这种方式下,MATLAB 被当作一种高级"数学演算纸和图形显示器"使用,简便易行。当进行复杂运算时,系统一次需执行多条 MATLAB 语句,交互命令操作方式就不适应,这时就要用 MATLAB 的另一个重要的工作方式即 M 文件的方式来解决。

1. M 文件

M 文件是由 MATLAB 语句(命令行)构成的 ASCII 码文件,用户可以用普通的文本编辑把一系列 MATLAB 语句写进一个文件里,给定文件名,确定文件的扩展名为

m,并存储。这种由一串命令集合构成的文件就是 M 文件,也称命令文件(Script File)。运行该.m 文件时,只需在 MATLAB 命令窗口下键入该文件名即可,具体如下:

• 建立 M 文件:在 MATLAB 操作桌面的菜单栏选择"File/New/M-file",或在操作桌面的工具栏直接选择 ☐,或在命令窗口输入 edit,都可以打开文本编辑器(文本编辑调试窗口),在该窗口下输入 MATLAB 语句即可建立 M 文件。

• 保存 M 文件:在一系列 MATLAB 语句输入完以后,选择文本编辑调试窗口工具栏的图标 ☐,或在 File 菜单下选择 save 或 save as 即可保存该 M 文件。

• 运行 M 文件:在文本编辑调试窗口输入完文件后,直接在该窗口菜单栏选择"Debug/Save and Run"选项,或按 F5 键即可运行;对于已建立的 M 文件,可以在命令窗口直接输入要运行的 M 文件的文件名即可开始运行。

• 打开 M 文件:在 MATLAB 操作桌面的工具栏直接选择 Open File 图标按钮 ☐,或选择菜单栏"File/Open"选项,就可以打开在当前目录下的 M 文件。

2. 函数文件

上面介绍的命令文件是 M 文件的一种形式,M 文件有两种形式:命令文件和函数文件。命令文件在运行时只需输入文件名字。函数文件与命令文件不同,其可以接受参数,也可以返回参数,在一般情况下不能单独键入文件名来运行函数体,必须由其它语句来调用。从运行结果上看,函数文件在 M 文件中的作用与一般语言的函数子程序类似,MATLAB 的大多数应用程序都是用函数文件的形式给出的。

• 函数文件的第一行为函数说明语句,也叫函数定义行,由关键字 function 引导,其格式为:

function[返回参数 1,返回参数 2,…]=函数名(传入参数 1,传入参数 2,…)

函数名为用户自己定义的函数名,如:function[x,y,z]=ahere(tat,pgi,ads)。

函数定义也可以没有返回参数,如:function print(x)。

函数文件与命令文件的不同之处是,用户可以通过函数说明语句中的返回参数及传入参数来实现函数传递。

例如,创建如下的函数文件并保存。

<pre>
    function [m,s]=mean(a)   %定义函数文件 mean.m,a 为传入参数,m、s 为
                              返回参数
    l=length(a);   %计算传入向量长度
    s=sum(a);   %对传入向量 a 求和,并赋值给返回向量 s
    m=s/l;   %计算传入向量的平均值并赋值给返回向量 m
</pre>

该函数文件定义了一个新的函数 mean,其功能是对指定向量求和及平均值,并通过向量 s、m 返回计算结果。用户可以通过如下所示的命令调用该函数。如:

a=1:10;

[m,s]= mean(a)↙

结果为：

m＝

　5.5000

s＝

　55

1.7　连续信号的可视化表示实验

1.7.1　实验目的

1. 学习 MATLAB 中信号表示的基本方法及绘图函数的调用,实现对常用连续时间信号的可视化表示,加深对各种电信号的理解。

2. 通过使用 MATLAB 设计简单程序,掌握 MATLAB 的基本使用方法。

1.7.2　实验原理

信号是消息的载体,通常表现为随时间变化的物理量。对信号进行时域分析,首先就需要将信号随时间变化的规律用二维曲线表示出来。应用 1.6.3 已介绍的常用函数,掌握前面 1.6.5 图形功能中的相关内容提供的基本方法和绘图工具函数,就可以实现对常用连续时间信号的可视化表示。即给出信号的解析式或波形,就能够用 MAT-LAB 实现有关的运算并绘出相应的图形。

对于信号本身的各种变换,在 MATLAB 中解决比较方便。信号的尺度变换、翻转、平移运算,实际上是函数自变量的运算。信号中的尺度变换 $f(at)$ 是自变量乘以一个常数,在 MATLAB 中可以用"＊"号来实现。信号的翻转是函数的自变量乘以一个负号,在 MATLAB 的表达式中可以直接写出。信号平移即信号时移运算 $f(t \pm t_。)$,是函数自变量加或减一个常数,在 MATLAB 中可以用加法运算符"＋"或减法运算符"－"实现。

从严格意义上讲,MATLAB 并不能处理连续信号,它对于连续信号的可视化表示,是用连续信号在等时间间隔点的样值来近似地表示连续信号的,当取样时间间隔足够小时,这些离散的样值就能较好地表示连续信号。

1.7.3　连续信号的可视化表示

除了在 1.6.3 中已介绍的一般函数,如三角函数、sqrt、exp、log、log10、sign(符号函数)、real(取实部)、imag(取虚部)、argle(取幅角)等,MATLAB 还提供了一些信号与系统中常用的周期信号和非周期信号函数,如:square(方波)、sawtooth(锯齿波)、tri-puls(三角波)、rectpuls(矩形波)、sinc(抽样函数)等。

1. 正弦信号

正弦信号 $A\sin(\omega_0 t + \varphi)$ 可以调用 sin 函数来表示,其调用形式为 A＊sin(w0＊t＋phi),在这种调用形式中,t 是以时间为单位表示的自变量,w0＝2π＊f0,f0 的单位为

Hz;正弦信号的展缩、平移可以通过对 w0 和 phi 两个参数的设置来实现;表示正弦信号频率的参数是 w0,其对应于正弦信号解析式中的 ω_0,由于 $\omega_0=2\pi/T$,即 $T=2\pi/\omega_0$,因此在 MATLAB 中,参数 w0 也被推广用来表示其他非三角函数周期信号的周期,这一点可以从后面锯齿波信号的调用形式中看出。

例如,产生一个幅度为 2 V,频率为 3 Hz,相位为 π/6 的正弦信号,用 MATLAB 表示如下:

A=2;f0=3;phi=pi/6;

w0=2 * pi * f0;

t=0:0.001:1;

y=A * sin(w0 * t+phi);

plot(t,y);

ylabel('幅度 (V)'); xlabel('时间(s)');

title('正弦信号');

结果见图 1.7-1 所示。

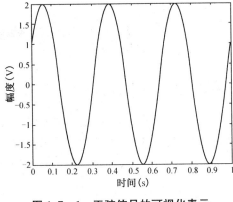

图 1.7-1 正弦信号的可视化表示

2. 锯齿波(三角波)

锯齿波可以调用 sawtooth 函数来表示。

sawtooth(t)产生以时间变量 t 为元素,周期为 2π,峰—峰值为 -1 至 1 的锯齿波,其周期表示与 sin 函数相同,即 T=2π/w0(w0=2 * π * f0),其调用形式可以表示为 A * sawtooth(w0 * t+phi),式中各参数的含义与正弦信号 sin 函数表示式中的相同。

例如,产生一个幅度为 1,频率为 4 Hz,相位为 π/3 的锯齿波信号,用 MATLAB 表示如下:

A=1;f0=4;phy=pi/3;

w0=2 * pi * f0;

t=0:0.001:1;

y=A * sawtooth(w0 * t+phy);

plot(t,y);

ylabel('幅度(V)'); xlabel('时间(s)');

title('锯齿波');

运行结果见图 1.7-2 所示。

sawtooth(t,w)产生一个宽度为 w 的斜三角波,w 是一个在 0～1 之间的标量参数,决定 0 至 2π 之间的斜度,该函数在 0～

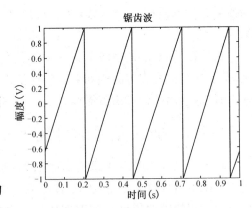

图 1.7-2 锯齿波的可视化表示

2π 期间从 -1 增长至 1,在 w * 2π～2π 期间从 1 线性减少至 -1。因此,当 w=0.5 时,该三角波就是一个左右对称的三角波。

例如产生一个幅度为 1 V,频率为 5 Hz,相位为 0 的周期三角波信号,用 MATLAB

表示如下：

A＝1;f0＝5;

w0＝2 * pi * f0;

t＝0:0.001:1;

y＝A * sawtooth(w0 * t,0.5);

plot(t,y);

ylabel('信号振幅(V)');　xlabel('时间单位(s)');

title('周期三角波');

运行结果见图 1.7－3 所示。

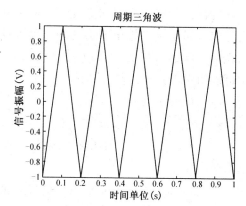

图 1.7－3　周期三角波函数运行结果

3. 周期方波

周期方波可以调用 square 函数表示，其周期表示的形式与 sin 函数相同,即周期 T＝2π/w,调用形式：

square(w0 * t)　产生角频率为 w0 的周期性方波。

square(w0 * t,占空比)　产生角频率为 w0,占空比＝τ/T * 100 的周期性方波。

例如,产生一个幅度为 1 V,频率为 3 Hz,占空比为 20% 的周期方波,用 MATLAB 表示如下：

A＝1;f0＝3;

t＝0:0.0001:2.5;

w0＝2 * pi * f0;

y＝A * square(w0 * t,20);

plot(t,y);axis([0,2.5,−1.5,1.5]);

ylabel('信号振幅(V)');　xlabel('时间单位(s)');

title('周期方波');

运行结果见图 1.7－4 所示。

以上是周期信号的表示,常用非周期信号的可视化表示介绍如下

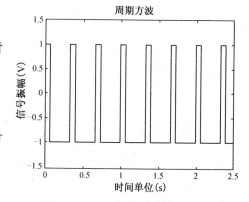

图 1.7－4　周期方波函数运行结果

4. 实指数信号 Ae^{α}

实指数信号 Ae^{α} ,A 和 α 都是实常数, 指数函数在 MATLAB 中用 exp 函数表示, 指数信号的调用形式为 $A * \exp(\alpha * t)$。例如,指数信号 $e^{-1.1t}$ 的 MATLAB 表示为：

A＝1;a＝ −1.1;

t＝0:0.001:5;

ft＝A * exp(a * t);

plot(t,ft);

title（'实指数信号举例'）；

执行结果见图 1.7-5 所示。

5. 虚指数信号 $Ae^{j\omega t}$

虚指数信号 $Ae^{j\omega t}$，A 为常数，ω 为角频率，虚指数信号是时间 t 的复函数，需要用实部和虚部及模和相角表示其随时间变化的规律。例如虚指数信号 e^{j3t} 在 MATLAB 中可以调用有关函数表示如下：

t＝（0：0.01：6）；

y＝ exp（（j＊3）＊t）；

yr＝ real（y）；　％取虚指数信号 e^{j3t} 的实部％

yi＝ imag（y）；　％取虚指数信号 e^{j3t} 的虚部％

ya＝abs(y)；　％取虚指数信号 e^{j3t} 的模％

yn＝angle(y)；　％取虚指数信号 e^{j3t} 的相角％

subplot(2,2,1),plot(t,yr),title('实部')；

subplot(2,2,3),plot(t,yi),title('虚部')；

subplot(2,2,2),plot(t,ya),title('模')；

subplot(2,2,4),plot(t,yn),title('相角')；

axis（[0,6,0,min(ya)＋0.5]）；

以上语句中的绘图函数的调用形式为 subplot(m,n,p)，其功能是将当前绘图窗口分割成 m 行，n 列，并在其中的第 p 个区域绘图，各个绘图区域以"从左至右，先上后下"的原则来编写。语句执行后见图 1.7-6 所示。

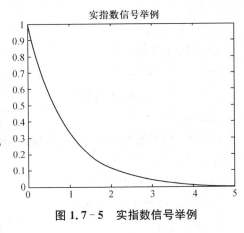

图 1.7-5　实指数信号举例

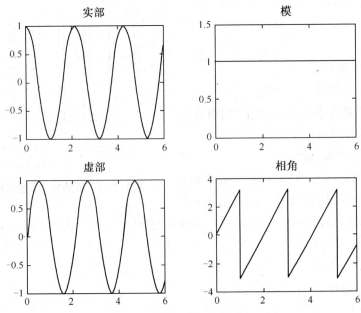

图 1.7-6　虚指数信号 e^{j3t} 的可视化表示

由图可见,虚指数信号e^{j3t}的实部和虚部分别为等幅的正弦振荡信号,是随时间变化的周期信号。

6. 复指数信号

复指数信号的一般表示式为Ae^{st},$s=\sigma+j\omega$,为复常数,应用欧拉公式,上式可写为$Ae^{st}=Ae^{\sigma t}\cdot e^{j\omega t}=Ae^{\sigma t}\cos(\omega t)+j\,Ae^{\sigma t}\sin(\omega t)$,实部为$Ae^{\sigma t}\cos(\omega t)$,虚部为$Ae^{\sigma t}\sin(\omega t)$,分别是按指数规律变化的正弦信号。例如复指数信号$2\,e^{-t+j10t}$的实部、虚部、模及相角可用 MATLAB 表示如下:

```
t=(0:0.01:3);a=-1,b=10;
y=2*exp((a+j*10)*t);
yr=real(y);
yi=imag(y);
ya=abs(y);
yn=angle(y);
subplot(2,2,1),plot(t,yr),title('实部');
subplot(2,2,3),plot(t,yi),title('虚部');
subplot(2,2,4),plot(t,yn),title('相角');
subplot(2,2,2),plot(t,ya),title('模');
```

执行后见图 1.7-7 所示。

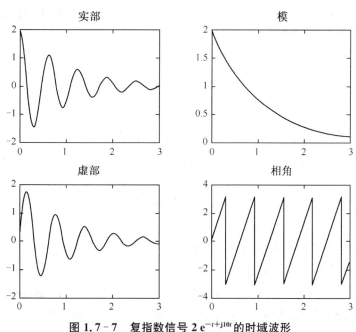

图 1.7-7 复指数信号 $2\,e^{-t+j10t}$ 的时域波形

由图可见,该复指数信号的实部和虚部均为随时间按指数规律衰减的正弦振荡信号,与理论分析一致。

7. 矩形脉冲信号

在 MATLAB 中用 rectpuls 函数表示,其调用形式为:

rectpuls(t)　产生一个高度为1,宽度为1,关于t＝0对称的矩形脉冲信号。

rectpuls(t,w)　产生高度为1,宽度为w,关于t＝0对称的矩形脉冲信号。

8. 三角脉冲信号

在 MATLAB 中用 tripuls 函数表示,其调用形式为:

tripuls(t),产生一个幅度为1,宽度为1,以t＝0为中心的三角脉冲信号。

tripuls(t,w),产生一个幅度为1,宽度为w,以t＝0为中心的三角脉冲信号。

tripuls(t,w,s)产生一个幅度为1,宽度为w,以s为调整参数的斜三角形脉冲信号。s的调整范围为$-1 < s < +1$,当s＝0时,产生一个对称三角形。

9. 阶跃信号

在 MATLAB 中可以通过调用符号函数 sign 表示如下:

t＝-2:0.01:8;

f＝sign(t);

u＝1/2+1/2*f;

plot(t,u);

axis([-2,8,-0.2,1.2]);

ylabel('信号振幅(V)');　xlabel('时间单位(s)');

title('阶跃信号');

执行后如图1.7-8所示。

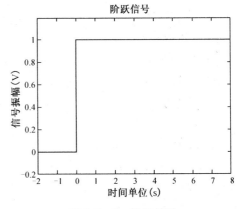

图1.7-8　阶跃信号

10. 斜坡信号

在 MATLAB 中可以表示如下:

t＝0:0.01:2;

y＝t;

plot(t,y);

ylabel('信号振幅(V)');　xlabel('时间单位(s)');

title('斜坡信号');

结果如图1.7-9所示。

由以上各信号的函数调用与分析可见,无论是周期信号还是非周期信号,MATLAB 都可以通过各种方式的调用与设置,

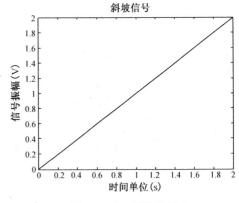

图1.7-9　斜坡信号

实现信号的可视化表示,为信号的时域分析与研究带来极大的方便。

1.7.4　实验内容

1. 利用 MATLAB 实现下列连续时间信号。

(1) $f(t) = 8e^{-t} - 4e^{-2t}, t = 0 \sim 5$

(2) $f(t) = \cos(100t) + \cos(3\,000t)$,取$t = 0 \sim 0.2$

（3）$f(t)=5|\sin(100\pi t)|$，取 $t=0\sim0.2$

（4）$f(t)=Sa(\pi t)\cos(20t)$，取 $t=0\sim5$

（5）$f(t)=u(2t+2)$，取 $t=0\sim10$

（6）$f(t)=2e^{j\frac{\pi}{4}t}+2e^{-j\frac{\pi}{4}t}$

2. 调用 tripuls 函数画出 1.7 - 10 所示信号波形。

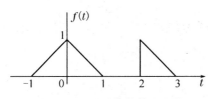　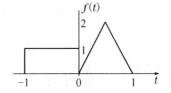

图 1.7 - 10 实验内容第 2 题图　　　图 1.7 - 11　实验内容第 3 题图

3. 画出图 1.7 - 11 所示信号的奇分量和偶分量。

4. 试用 MATLAB 画出如下连续时间信号的波形图，并观察信号是否为周期信号，如果是，求出其周期，如果不是，说明原因。

（1）$f(t)=3\sin(\pi t/2)+2\sin(\pi t)+\sin(2\pi t)$

（2）$f(t)=3\sin(t)+2\sin(3t)+\sin(4t)$

（3）$f(t)=5e^{j3t}+2e^{j3t}$

（4）$f(t)=2e^{-j10t}$

（5）$f(t)=[u(t)-u(t-2)]\cos 10t \quad -1<t<3$

（6）$f(t)=\cos(0.1\pi t)\cos(0.8\pi t) \quad 0<t<200$

5. 试用 MATLAB 绘出双边指数信号 $f(t)=Ce^{\alpha|t|}$ 的时域波形，C 和 α 由自己设置不同的参数，观察并分析 α 大小对信号波形的影响。

第2章 时域分析与信号分析实验

2.1 时域分析

2.1.1 实验目的

1. 通过设计合适的电路,验证冲激信号与阶跃信号的关系。
2. 试拟定合适的实验方案验证系统冲激响应与阶跃响应的关系。
3. 通过选择适当的方法,验证用卷积积分法计算系统零状态响应的正确性。
4. 掌握示波器、数字合成函数信号发生器的基本使用方法。

2.1.2 实验原理

1. 由信号理论可知,单位阶跃信号的定义是:

$$\varepsilon(t) = \begin{cases} 1 & t > 0 \\ 0 & t < 0 \end{cases}$$

单位冲激信号的定义是:

$$\delta(t) = \begin{cases} \infty & t = 0 \\ 0 & t \neq 0 \end{cases}$$

$$\int_{-\infty}^{\infty} \delta(t)\,\mathrm{d}\tau = 1$$

由 $\varepsilon(t)$ 与 $\delta(t)$ 定义可知:

$$\begin{cases} \delta(t) = \dfrac{\mathrm{d}}{\mathrm{d}t}\varepsilon(t) \\ \varepsilon(t) = \displaystyle\int_{-\infty}^{t} \delta(\tau)\,\mathrm{d}\tau \end{cases}$$

阶跃信号是一理想化的非周期信号,实验中用一个周期性的方波来代替阶跃信号,只要这个方波的周期远大于阶跃响应的瞬态过程所经历的时间,这是研究瞬态响应经常采用的方法。本实验中用频率为 3 kHz 的周期性方波作为近似的阶跃信号。

同样,冲激信号也是理想化的信号函数,它是对出现过程极短、能量很大的一类信号的数学抽象。工程上只能用具有有限幅度、作用时间很短的脉冲信号函数来逼近冲激信号。逼近的函数与波形无关,只与曲线下的面积有关。

设脉冲函数宽度为 Δ,幅度为 U_0(见图 2.1-1 脉冲宽度为 Δ 的信号),作用于一个时间常数为 τ 的电路。如果 $\tau \gg \Delta$(例如 τ 比 Δ 大 50 倍到 100 倍),在 $t = \Delta$ 时,该电路的响应同强度 $S_0 = \Delta \times U_0$ 的冲激响应在 $t = 0_+$ 时的值非常接近;在 $t > 0$ 时,等效零输入

响应,与电路的冲激响应在 $t > 0_+$ 时满足相同的规律。因此常用这样的窄脉冲函数或脉冲函数的微分(如图 2.1-2 脉冲函数的微分信号)来代替冲激信号,本实验中用频率为 3 kHz,Δ 为 3 μs 的窄脉冲来近似代替冲激信号。

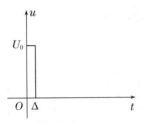

图 2.1-1　脉冲函数宽度为 Δ 的信号

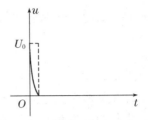

图 2.1-2　脉冲函数的微分信号

2. 线性时不变系统的微分特性

若线性系统在激励 $e(t)$ 作用下产生响应 $r(t)$,则当激励为 $\dfrac{\mathrm{d}e(t)}{\mathrm{d}(t)}$ 时,响应为 $\dfrac{\mathrm{d}r(t)}{\mathrm{d}t}$。

这表明,当线性系统的输入由原激励信号改变为其导数时,该系统的输出也由原响应函数变成其导数。示意图如图 2.1-3 所示。

图 2.1-3　线性时不变系统微分特性示意图

可以看出,对于线性时不变系统,若其两个激励信号之间存在导数关系,根据系统的微分特性,可以由其中一个激励信号的响应求出另一个激励信号的响应。

3. 已知 $\delta(t)$ 在某线性电路中产生的响应为 $h(t)$,我们可以设想一个任意信号 $f(t)$ 可以分解为无限多个冲激信号,每一个冲激信号加到电路上产生一个响应,然后把所有冲激信号的响应叠加起来,就可以得到 $f(t)$ 的响应了。

① 任意信号 $f(t)$,如图 2.1-4 中所示,将它分成许多宽度为 $\Delta\tau$ 的脉冲信号之和,由图 2.1-5 可见,$f(t)$ 分成许多宽度为 $\Delta\tau$ 的脉冲,可用下式表示

$$f(t) \approx \sum_{K=-\infty}^{\infty} f(K\Delta\tau)[\varepsilon(t-K\Delta\tau)-\varepsilon(t-K\Delta\tau-\Delta\tau)]$$

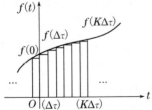

图 2.1-4　$f(t)$ 分解成宽度为 $\Delta\tau$ 的脉冲

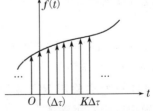

图 2.1-5　$f(t)$ 精确表示式示意图

当 $\Delta\tau$ 很小时　　　　　　　$\varepsilon(t)-\varepsilon(t-\Delta\tau)\approx\dfrac{\mathrm{d}\varepsilon(t)}{\mathrm{d}t}\Delta\tau$

由于 $\dfrac{\mathrm{d}}{\mathrm{d}t}\varepsilon(t)=\delta(t)$,对于任意脉冲则有

$$\frac{\mathrm{d}}{\mathrm{d}t}\varepsilon(t-K\Delta\tau)=\delta(t-K\Delta\tau)$$

所以 $f(t)$ 可表示为
$$f(t)\approx\sum_{K=-\infty}^{\infty}f(K\Delta\tau)\delta(t-K\Delta\tau)\Delta\tau$$

令 $\Delta\tau\to\mathrm{d}\tau,K\Delta\tau\to t$(连续变量),这时 $f(t)$ 的精确表示式为
$$f(t)=\int_{-\infty}^{\infty}f(\tau)\delta(t-\tau)\,\mathrm{d}\tau$$

其图形如图 2.1-5 所示。

② $\delta(t)$ 在某线性路电路上产生的响应为 $h(t)$,$\delta(t-\tau)$ 产生的响应为 $h(t-\tau)$,则 $f(t)$ 在该电路上产生的响应为

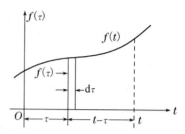

$$g(t)=\int_{-\infty}^{\infty}f(\tau)h(t-\tau)\mathrm{d}\tau=f(t)*h(t)$$

这就是通常使用的卷积积分公式,其物理意义见

图 2.1-6 卷积公式的物理意义

图 2.1-6。在图中,τ 是冲激作用于电路的时刻,$h(t-\tau)$ 是在 $(t-\tau)$ 时,$\delta(t-\tau)$ 产生的响应;$f(\tau)\mathrm{d}\tau$ 是在 τ 处冲激信号的强度;$(t-\tau)$ 表示冲激信号作用后,到计算终止瞬间 t 所需要的记忆时间。

因此,验证卷积积分法的方式可以是,用 $f(t)$ 与 $h(t)$ 卷积计算结果所画出的图形与实验所得的波形图进行比较。

$f(t)$ 与 $h(t)$ 的卷积计算也可采用近似的数值算法在计算机上得出卷积计算结果的图形(可参照实验 3.10)。

2.1.3 实验仪器

GOS-620 双踪示波器　　　　　　　一台
F05 数字合成函数信号发生器　　　一台
面包板　　　　　　　　　　　　　　一块
R、L、C 元件　　　　　　　　　　　若干

2.1.4 预习要求

1. 复习理论教材中有关时域分析部分的内容,根据实验的目的,试拟相关的实验方案。

2. 复习 1.1 信号与系统常用仪器的介绍与使用中,有关示波器、数字合成信号发生器的使用方法与说明。

3. 设计一个实验用 RC 微分电路,使其时间常数为 3.2 μs,若已知电阻 $R=6.2\,\mathrm{k}\Omega$,求出电容 C 的数值。

4. 准备好记录波形用的坐标纸。

2.1.5 实验要求与内容

总体要求:①由拟定的实验方案,给出实验电路及步骤,使实验目的中的三项内容

得到验证;②根据实验结果得出必要的结论;③由实验方案的实施过程,评价用波形分析进行验证的条件与方法。下面是参考实验方案的实验内容与操作步骤。

1. 验证冲激信号和阶跃信号的关系

通过在微分电路输入端加方波信号,然后将该电路的输出波形与输入波形的进行分析与比较,得出结论。

① 按照使用方法说明,把示波器"GOS-620"和数字合成信号发生器"F05"接上电源,经 10 分钟预热后,校准示波器,并使"F05"在使用状态。

② 在面包板上插好如图 2.1-7 所示的微分电路。

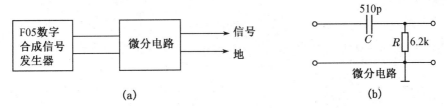

(a)　　　　　　　　　　　　　　(b)

图 2.1-7　冲激信号和阶跃信号关系的实验电路

③ 调节"F05"使输出峰峰值为 5 V,频率 f=3 kHz 的方波。用"GOS-620"观察微分电路输入端和输出端的波形,并将波形记录在坐标纸上,分析冲激信号与阶跃信号的关系。

2. 验证系统的阶跃响应与冲激响应的关系

① 在面包板上建立如图 2.1-8 的动态电路(一阶线性非时变系统)。

图 2.1-8　动态电路　　　　　**图 2.1-9　冲激响应和阶跃响应关系的实验电路**

② 调节"F05",使输出峰峰值为 5 V,频率 f=3 kHz,脉冲宽度 τ=3 μs 的周期性窄脉冲(作为近似冲激信号),加在图 2.1-8 动态电路的输入端(1-1′端),用"GOS-620"在动态电路的输出端(2-2′端)观察并记录 $h(t)$ 波形。

③ 使"F05"输出峰—峰值为 5 V,频率 f=3 kHz 的周期性方波,加在图 2.1-8 动态电路的输入端(1-1′端),用"GOS-620"在 2-2′端观察并记录阶跃响应的波形。

④ 建立如图 2.1-9 冲激响应和阶跃响应关系的实验电路,调节"F05",使输出与步骤③相同的方波信号,加在 2.1-9 电路的输入端(1-1′端),用"GOS-620"在 3-3′端观察并记录波形,并把该波形与步骤②中的 $h(t)$ 的波形进行比较,分析系统的阶跃响应与冲激响应的关系。

3. 验证卷积积分法

① 验证电路如图 2.1-10。

② 在 1-1′端输入信号 $f(t)$。(例如峰峰值为

图 2.1-10　验证卷积积分的电路

5 V,频率为 10 kHz 的方波)用示波器"GOS-620"

在 $2-2'$ 观察并记录 $g(t)$ 波形。

③ 将 $g(t)$ 波形与 $f(t) * h(t)$ 计算结果进行比较。

2.1.6 实验报告与思考题

1. 按实验报告要求整理实验各步骤得到的波形图与相关数据,评价各实验方案的实验效果。

2. 分析实验中各步骤观察的现象与记录的波形,得出必要的结论。

3. 线性非时变系统的微分性质是什么? 实验内容 2 中如何依据此性质来拟定实验方案的?

4. 一阶线性非时变系统的冲激响应的波形应该是怎样的曲线,为什么?

5. 卷积积分法的理论根据是什么? 对于时变非线性电路是否适用?

6. 心得体会。

2.1.7 相关知识

微分电路是在时间常数 $\tau = RC$ 满足一定条件下的 RC 串联电路,电路如图 2.1 - 11 所示,输入信号为方波,加在电路的输入端 V_i,在 R 上取出输出电压 V_o。当电路的时间常数 $\tau = RC$ 远小于方波的脉冲周期 T,即 $\tau = RC \ll \dfrac{T}{2}$ 的条件下,输出电压

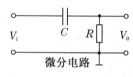

图 2.1 - 11 微分电路

$$V_0 = Ri \approx RC \frac{dV_i}{dt} \quad (2-1)$$,式中,i 为流经电阻 R 的电流。

式(2-1)表明,微分电路输出电压反映输入电压的变化率(导数),即输出电压与输入电压之间近似为微分关系。

2.1.8 面包板使用简介

面包板是实验室中用于搭接电路的重要工具,熟练掌握面包板的使用方法是提高实验效率、减少实验故障出现几率的重要基础之一。

1. 面包板的结构简介

面包板的外观和内部结构如图 2.1 - 12 所示,常见的最小单元面包板分上、中、下 3 部分,上面和下面部分一般是由两行的插孔构成的窄条,中间部分是由中间一条隔离凹槽和上下各 5 行的插孔构成的宽条。

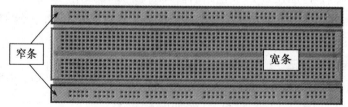

图 2.1 - 12 面包板的外观结构图

（1）宽条外观及结构如图 2.1-13

中间部分宽条是由中间一条隔离凹槽和上下各 5 行的插孔构成。每个孔内是一个有弹性的铜片，当元器件的管脚插入孔内，就和该插孔有了电连接。在同一列中的 5 个插孔是互相连通的，当于在一个纵向的小焊条上。列和列之间即从左至右的横向是互不相通。凹槽上下部分也是不连通的。

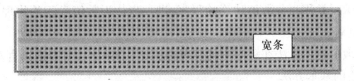

图 2.1-13　宽条外观结构

（2）窄条外观和结构如图 2.1-14

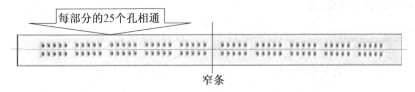

图 2.1-14　面包板窄条外观及结构图

如图，在窄条上划一个长的"十"字，将窄条划分为 4 个细窄条，每个细窄条的 25 个孔是电气相通的，这 4 个细窄条之间是互不相通的。即每个细窄条的 25 个孔的底部在一个小铜条上相连。这种结构通常称为 5-5 结构。

2. 使用说明

做实验时，通常是使用两窄一宽组成的小单元，如图 2.1-12 所示。使用时应按照指导教师的示范和要求，在宽条部分搭接电路的主体部分，上面的窄条取一行做电源，下面的窄条取一行做接地。

使用时注意窄条的中间部分不通，只有各 25 个孔是相通的。

在搭接规模较大的电路时，需要多个宽条和窄条组成较大的面包板。但在使用时同样通常是两窄一宽同时使用，中间宽条用于连接电路。由于凹槽上下是不连通的，所以集成块一般跨插在凹槽上。

面包板布线的几个基本原则：

① 连接点越少越好。每增加一个连接点，实际上就人为地增加了故障概率。面包板孔内不通、导线松动、导线内部断裂等都是常见故障。

② 尽量避免立交桥。所谓的"立交桥"就是元器件或者导线骑跨在别的元器件或者导线上。这样做，往往会给后期更换元器件带来麻烦。

③ 尽量牢靠。有些元器件管脚太细，要注意轻轻拨动一下，如果发现不牢靠，需要更换位置。

2.2　卷积积分的数值计算

2.2.1　实验目的

1. 通过编写卷积积分数值计算的程序,进一步认识数值卷积的物理过程,加深对卷积概念的理解。

2. 通过数值卷积算法在程序中的实现,提高应用 C 语言等算法语言对信号与系统概念进行分析的基本方法。

2.2.2　实验原理

1. 卷积的定义和原理

卷积的定义式为:$y(t)=x(t)*h(t)=\int_{-\infty}^{+\infty}x(\tau)h(t-\tau)\,\mathrm{d}\tau$

若 $x(t),h(t)$ 为有始信号,则

$$y(t)=x(t)*h(t)=\int_0^t x(\tau)h(t-\tau)\,\mathrm{d}\tau$$

其中 τ 为积分变量,t 为参变量,其框图为

$$x(t)\rightarrow \boxed{h(t)} \rightarrow y(t)$$

2. 数值积分

在有起因信号 $f(t)$ 的作用下,系统的零状态响应 $g(t)$ 可用卷积积分表示为

$$g(t)=\int_0^t f(\tau)h(t-\tau)\mathrm{d}\tau=\int_0^t h(\tau)f(t-\tau)\mathrm{d}\tau$$

对于简单函数,利用直接积分或图形卷积可以解决,其结果也是一个表达式。在线性系统分析中,有时激励信号或系统的冲激响应比较复杂,不易甚至不能用简单函数表示。这时无法用解析法来计算卷积,必须用近似的数值计算法。

数值计算的原理既是把连续函数用阶梯函数来近似表示,如图 2.2-1 所示,函数 $e(t)$ 和 $h(t)$ 卷积的数值计算可以分为如下几个步骤:

① 变量置换:将 $e(t),h(t)$ 改成 $e(\tau),h(\tau)$;

② 将 $h(\tau)$ 反褶得 $h(-\tau)$;

③ 用采样间隔 T 的阶梯式 $e_a(\tau),h_a(-\tau)$ 近似 $e(\tau),h(-\tau)$;

④ 按时间间隔平移 $h_a(t-\tau)$;

⑤ 相乘求面积。

根据各步骤可推出:

$t=0$ 时,$e(\tau)h(t-\tau)=e_0 h_1$,但面积为 0,卷积也为 0。

$t=T$ 时,$g(T)=\int_0^T e(\tau)h(T-\tau)\mathrm{d}\tau=e_0 h_1 T$

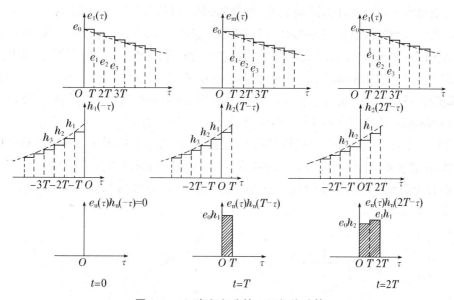

图 2.2-1 卷积积分的近似数值计算

$t=2T$ 时,$g(2T) = \int_0^{2T} e(\tau) h(2T-\tau) \mathrm{d}\tau = (e_0 h_2 + e_1 h_1) T$

同理

$t=3T$ 时,$g(3T) = (e_0 h_3 + e_1 h_2 + e_2 h_1) \cdot T$

……推广至一般

$t=nT$ 时,则 $g(nT) = T \sum_{m=1}^{n} e_{n-m} h_m$ 　　　　　　　　(2-2)

这就是数值计算卷积的算法公式,表示在 $t=nT$ 时,该点的卷积值 $g(nT)$ 由等式右边的和式确定。间隔 T 取得越小,计算误差也就越小。由上图可见,卷积过程是一个叠加的动态过程,积分的上下限是动态的。设 $f(t),h(t)$ 如图 2.2-2 所示,其卷积过程如图 2.2-3(a)~(d)所示。为便于编程,用 Z 代替 τ,根据时移函数在不同 t 值的范围,其积分上下限为

$$A \leqslant t \leqslant B \qquad\qquad g(t) = \int_A^{t-c} f(z) h(t-z) \mathrm{d}z \qquad (2-3)$$

$$B \leqslant t \leqslant D-C+A \qquad g(t) = \int_A^B f(z) h(t-z) \mathrm{d}z \qquad (2-4)$$

$$D-C+A \leqslant t \leqslant D-C+B \qquad g(t) = \int_{t-D}^B f(z) h(t-z) \mathrm{d}z \qquad (2-5)$$

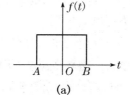

(a)

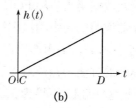

(b)

图 2.2-2 卷积的两函数 $f(t),h(t)$

积分的上下限从图中很容易看出,积分区间是 $f(z)$ 与 $h(t-z)$ 两图形都不为零的部分。2.2-3(b)图与(2-2)式对应,积分限为 A 到 $t-C$;(c)图与(2-3)式对应,积分限为 A 到 B;(d)图与(2-4)式对应,积分限为 $t-D$ 到 B。

应当指出,在时移函数 $h(t-z)$ 中,t 是参变量,它向右(或向左)每移动一个步长(此步长称为卷积步长,用 ai 表示,$ai=t_k-t_{k-1}$,是指在卷积结果 $g(t)$ 的时间坐标上所取得均匀间隔),乘积 $f(t) \cdot h(t-z)=y(z)$ 就是一条新的曲线。

间隔 T 的矩形宽度 bi 称积分步长。积分步长的选取与波形 $y(z)$ 有关,可以取 $bi=0.02$ 输出数据,将 bi 减半做第二轮计算,按规定方法判断是否符合精度要求,可以证明矩形法的误差比例是积分步长的平方。卷积步长 ai 一般与积分步长 bi 不等(在图2.2-1中两者相等)。

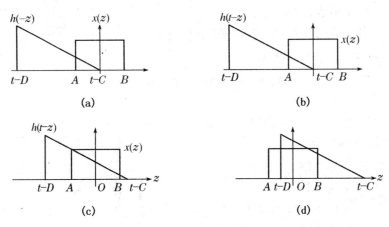

图 2.2-3 卷积过程

以图 2.2-4 所示波形为例,给出 $f(t)$ 与 $h(t)$ 卷积的参考程序。

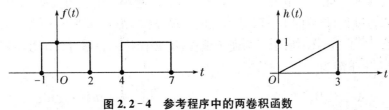

图 2.2-4 参考程序中的两卷积函数

程序分为输入数据,确定积分上下限,积分计算,卷积结果累加,及打印曲线和数据等 5 部分组成。本程序适用于求取分段函数之间的卷积,其中一函数为单段函数,另一函数为多段函数,程序包含一个主函数及一个打印函数。

打印曲线及数据函数与用 FORTRAN 语言中字符打印的方式基本相同,各段程序的作用在程序的说明语句中用汉字给出,以便阅读,不再给流程图。

在这个例子中,$f(t)$ 是由两段函数组成,当 $f(t)$ 与 $h(t)$ 卷积时,分别采用分两步进行卷积对应累加的方法。$f(t)$ 的上下界用数组 a,b 存放。循环变量 $l=1$ 时,$f(t)$ 第一段与 $h(t)$ 卷积,$f(t)$ 的上、下界为 $a[1],b[1]$;当 $l=2$ 时,$f(t)$ 第二段与 $h(t)$ 卷积,$f(t)$ 上、下界为 $a[2],b[2]$。循环变量 m 为积分步数,积分的总步数 ll 为积分区间除以积分步长,即$(q-p)/bi$。循环变量 k 为卷积步数,卷积总步数为卷积结果所在区间除以卷积步长,即$[(b+d)-(a+c)]/ai$。

$f(t)$ 的两段波形分别与 $h(t)$ 卷积,两结果有重叠的区间,在重叠的区间的卷积结果需累加在一起。程序中 kb 变量就是为了此目的而设置的。kb 表明了第一段卷积结果上界与第二段卷积结果下界之差(重叠区间长度)所含的卷积步数。对总步数 kk 退回 kb 步,即可将 $f(t)$ 的第二段在此区间的卷积累加到 $f(t)$ 与第一段在此区间卷积的结果上。

程序中各变量说明及含义:

$a[l],b[l]$——分别为分段函数 $f(t)$ 第 l 段函数的上、下限。

nf——为函数 $f(t)$ 的段数。

c,d——单段函数 $h(t)$ 的上、下限。

p,q——分别为每步卷积的上、下限。

$ss[kk],g[t]$——均为卷积值。

$gmin,gmax$——$g[t]$ 的最小、最大值。

ai——卷积步长。

bi——积分步长。

t——时间变量。

$s[k]$——每步积分值。

kn——$g[t]$ 的总点数。

```
/*图2.2-4波形分段函数之间波形卷积参考程序*/
 # include"stdio. h"
 # include"math. h"
 # define H(x)   (x)/3
 int kn;
  static float ss[301],ai,c,a[3];
  //打印子程序
void gwl1(g)
float g[301];
{
char   ch[61];
float t,gmax,gmin,d;
int i,lp,nx;
ch[1]='1';
for(i=2;i<=60;i++)
    ch[i]=' ';
t=a[1]+c;
gmin=gmax=g[1];
for(i=1;i<=300;i++)
```

```
          { if(g[i]>gmax)
                 gmax=g[i];
             if(g[i]<gmin)
                 gmin=g[i];
          }
      d=gmax-gmin;
      printf("n");
      for(i=1;1<=61;i++)
             printf("=");
      printf("T G(t)n");
      for(lp=1;lp<=kn;lp++)
          {
             nx=(g[lp]-gmin)/d*59+1;
             ch[nx]='*';
             for(i=1;i<=60;i++)
                printf("%6.2f%8.3fn",t,g[lp]);
             ch[nx]=' ';
             ch[1]='1';
             t+=ai;
          }
      }
  main()      /*主程序*/
 {
  static float t[30],s[301],b[3] hm,bi,d,p,q,z,fm;
    int nf,i,kk,l,ll,km,k,m,kb;
  printf("nf(t)的段数,卷积步长,积分步长 n");
  scanf("%d%f%f",&nf,&ai,&bi);
  for(i=1;i<=nf;i++)
      {
        printf("nf(t)的第%d 段的上下界:",i);
          scanf("%f%f",&a[i],&b[i]);
      }
  printf("nh(t)的上下界:");
  scanf("%f%f",&c,&d);
  kk=1;
  for(l=1;l<=nf;l++)
    {
    km=((b[l]+d)-(a[l]+c))/ai;
```

```
//确定每一步卷积的上、下限
  for(k=1;k<=km;k++)
     {
           t[k]=k*ai+a[1];
           if(t[k]>b[1])
           {
             if(t[k]-d+c)>a[1])
               {
                 p=t[k]-d+c;
                 q=b[1];
               }
             else
               {
               p=a[1];
               q=b[1]
               }
           }
         else
         {
           if((t[k]-d+c)>a[1])
            { p=t[k]-d+c;
              q=t[k]; }
           else { p=a[1];q=t[k];
           }
         /*积分计算*/
        ll=(q-p)/bi;
        s[k]=0;
           for(m=1;m<=ll;m++)
             { z=p+m*bi;
                fm=1.0;
                hm=H(t[k]-z);
                s[k]+=fm*hm*bi;
           /*卷积结果累加*/
            ss[kk]+=s[k];
            kk++;
             }
      kn=kk;
     kb=((b[1]+d)-(a[1]+1)+c))/ai;
```

```
        kk—=kb;
      }
printf("n 打印卷积结果及其曲线 n");
gwll(ss);
}
```

程序的输入数据如下:(各参数之间用空格隔开)

f(t)的段数:卷积步长:积分步长:2 0.2 0.02 ↙

f(t)第一段的上、下界:—1. 2.,

f(t)第二段的上、下界:4. 7. ↙

h(t)的上下界:0. 3. ↙

程序运行结果见图 2.2-5 所示。T 下面是 t 坐标上各 nT 的取值 t,$G(t)$是对应 t 值的卷积值。

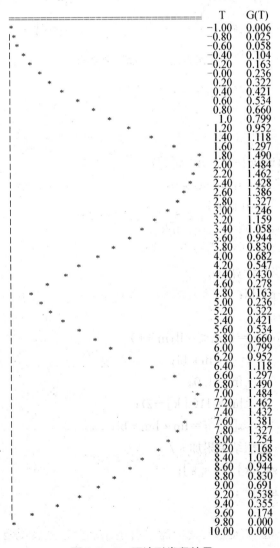

T	G(T)
-1.00	0.006
-0.80	0.025
-0.60	0.058
-0.40	0.104
-0.20	0.163
-0.00	0.236
0.20	0.322
0.40	0.421
0.60	0.534
0.80	0.660
1.0	0.799
1.20	0.952
1.40	1.118
1.60	1.297
1.80	1.490
2.00	1.484
2.20	1.462
2.40	1.428
2.60	1.386
2.80	1.327
3.00	1.246
3.20	1.159
3.40	1.058
3.60	0.944
3.80	0.830
4.00	0.682
4.20	0.547
4.40	0.430
4.60	0.278
4.80	0.163
5.00	0.236
5.20	0.322
5.40	0.421
5.60	0.534
5.80	0.660
6.00	0.799
6.20	0.952
6.40	1.118
6.60	1.297
6.80	1.490
7.00	1.484
7.20	1.462
7.40	1.432
7.60	1.381
7.80	1.327
8.00	1.254
8.20	1.168
8.40	1.058
8.60	0.944
8.80	0.830
9.00	0.691
9.20	0.538
9.40	0.355
9.60	0.174
9.80	0.000
10.00	0.000

图 2.2-5 两波形卷积结果

由图可见,卷积值的起点、终点与理论值相同,卷积结果有两个极大值。分别在 $t=2$ 和 $t=7$ 附近,与理论计算的极大值有误差。说明字符作图可以看出卷积结果的总体情况,但不够精确。

2.2.4　预习内容

复习数值卷积的内容,用 C 语言或其他语言编写体现卷积过程的数值卷积程序。

2.2.5　实验内容

用 C 语言或其它编程语言,求下列各题数值卷积的结果。

1. 求图 2.2-6 两波形卷积结果。

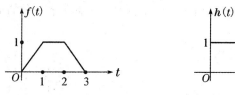

图 2.2-6　习题 1 两波形

2. 求图 2.2-7 两波形卷积结果。

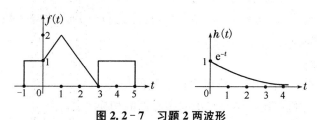

图 2.2-7　习题 2 两波形

3. 求图 2.2-8 两波形卷积结果。已知:

$$f(t) \begin{cases} 2e^{-(t+1)} & t>-1 \\ e^{(t+1)/2} & t<-1 \end{cases} \qquad h(t) = \begin{cases} 0 & t<0 \\ 3 & 0<t<2 \\ 3e^{-(t-2)/3} & t>2 \end{cases}$$

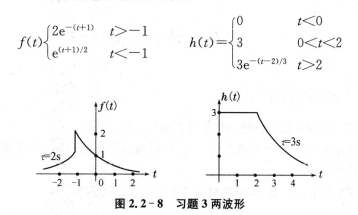

图 2.2-8　习题 3 两波形

2.2.6　思考题

1. 两个宽度不同的矩形脉冲之间的卷积为一梯形波,能否说两个不同的矩形脉冲之间的卷积也一定为梯形波?试举例说明。

2. 对于卷积结果 $y(t)$ 来说,其某一时刻 t 的卷积值 $y_1(t)$ 只与该时刻的 $x_1(t)$, $h_1(t)$ 值有关吗? 为什么?

3. 程序中哪些语句与数值卷积的原理相对应?

2.2.7　实验报告要求

1. 简介实验原理。

2. 写出完成实验内容的自己编写的程序或在参考程序基础上修改的程序段。

3. 写出程序运行时的参数。

4. 记下题目卷积结果的图形,作分析说明。

5. 回答思考题。

2.2.8　仪器设备

可以选择 TC 环境,PC 机一台

附:TC 基本操作:

1. 双击 TC 图标,进入 TC 界面

2. 按 F10,进入下拉菜单,按 3 次 Enter 键,进入 ∗.C 目录,用→↓←↑键选中 wxy1.c 文件名。点击该文件名可以打开该参考程序。

3. 按 F10→至 Run,运行 wxy1,按参考程序运行时的形式输入数据,可见结果的波形图如 79 页图所示。

4. 常用功能键

ALT＋Enter——小界面与满屏界面之间的切换

ALT＋F5——程序运行结果与源程序界面的切换

Ctrl＋C——退出程序运行状态,回到源程序

ALT＋X——退出 TC

2.3　周期信号的频谱分析

2.3.1　实验目的

1. 学会应用 EWB 分析各种函数信号频谱的方法。

2. 通过频谱图与时域波形图的对照,分析时域波形变化对频谱的影响。

3. 掌握作频谱图的方法。

4. 掌握 EWB 中信号源、函数信号发生器、示波器的使用方法。

2.3.2　实验原理

1. 周期信号的频谱

周期信号在满足一定条件时,可以分解为无数三角信号或指数信号之和,这就是周期信号的傅里叶级数展开。在三角形式傅里叶级数中,各谐波分量的形式为

$A_n\cos(n\omega t+\varphi_n)$。周期信号的频谱是指周期信号中各次谐波幅值、相位随频率变化的关系图。即将 A_n 与 ω 和 φ_n 与 ω 的关系分别画在以 ω 为横轴的平面上得到的两个图分别称为振幅频谱图和相位频谱图。当 $n\geqslant 0$ 时，这种频谱称为单边频谱。

以周期矩形脉冲信号为例，分析周期信号频谱的特点。周期矩形脉冲信号在一个周期$(-T/2,T/2)$内的时域表达式为

$$f_T(t)=\begin{cases}A,|t|\leqslant\dfrac{\tau}{2}\\[2mm]0,|t|>\dfrac{\tau}{2}\end{cases}\qquad(2-6)$$

其傅里叶复系数为

$$F_n=\frac{A\tau}{T}Sa\left(\frac{n\omega_1\tau}{2}\right)\qquad(2-7)$$

由于傅里叶复系数为实数，因而各谐波分量的相位或为零（F_n 为正）或为 $\pm\pi$（F_n 为负），因此不需要分别画出幅度频谱$|F_n|$与相位频谱 φ_n。可以直接画出傅里叶系数 F_n 的分布图。

如图 2.3-1 所示。该图显示了周期性矩形脉冲信号 $f_T(t)$ 频谱的一些性质，实际上也是周期性信号频谱的普遍特性：

① 离散线状频谱。即谱线只出现在 ω_1 的整数倍频率上，即各次谐波在频率上，两条谱线的间隔为 ω_1（等于 $2\pi/T$）。

② 谱线宽度的包络线按抽样函数 $S_a(n\omega_1\tau/2)$ 的规律变化，如图 2.3-2 所示。当 ω 为 $\dfrac{2\pi}{\omega}$ 时，即 $\omega=m(2\pi/\tau)(m=1,2,\cdots)$ 时，包络线经过零点。在两相邻零点之间，包络线有极值点，极值的大小分别为 $-0.212(2A\tau/T)$，$0.127(2A\tau/T)\cdots\cdots$

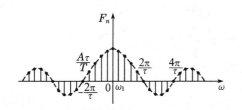

图 2.3-1　周期性矩形脉冲信号频谱

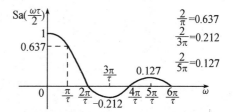

图 2.3-2　频谱包络线

③ 谱线幅度变化趋势呈收敛状，它的主要能量集中在第一个零点以内，因而把 $\omega=0\rightarrow 2\pi/\tau$，这段频率范围称为信号的有效带宽，记作 ω_B 或 f_B

$$\omega_B=\frac{2\pi}{\tau}\quad（单位为弧度）$$

$$f_B=\frac{1}{\tau}\quad（单位为赫兹）$$

由上两式可见，信号频带宽度只与脉宽 τ 有关，且成反比关系，这是信号分析中最基本的特性。信号的有效带宽（简称带宽）是信号频率特性中重要指标。当信号通过系统时，信号与系统的带宽必须“匹配”。若信号的有效带宽大于系统的有效带宽，则信号

通过此系统时,就会损失许多重要的成分而产生较大失真;若信号的有效带宽远小于系统的带宽,信号可以顺利通过,但对系统资源是巨大浪费。

对于一般周期信号,将幅度下降为最大幅度十分之一的频率区间定义为频带宽度,语音信号频率大约为 300～3 400 Hz,音乐信号大约为 0～15 000 Hz,扩音器与扬声器的有效带宽约为 15～20 000 Hz。

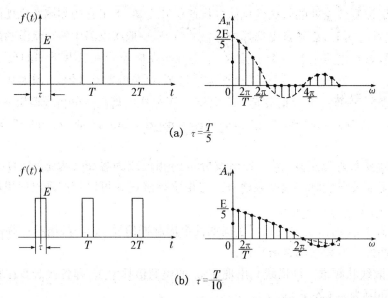

图 2.3-3 T 值相同 τ 值不同的周期矩形脉冲的频谱

④ τ 和 T 值的变化对频谱的影响可以用图 2.3-3 和图 2.3-4 表示出来。

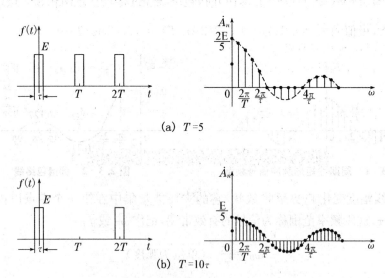

图 2.3-4 不同 T 值下周期矩形脉冲的频谱

由图 2.3-3 可见,T 值不变,基波频率 $\omega_1 = 2\pi/T$ 不变,谱线的疏密间隔不变。τ 值减小,使各个分量的幅值减小,同时也使包络线的第一零点右移,即信号占有频带宽度增大。由图 2.3-4 可见,τ 值不变,包络线第一零点的位置不变;T 值增大,使各个分量的幅度减小,同时使基波频率 ω_1 减小,谱线变密。

2. EWB 分析及傅里叶分析

EWB 在波形分析方面,其 SPICE 的谱线分析功能可代替选频电平表实现对周期信号的频谱分析,并可仿真频谱分析仪对信号实现从时域到频域的快速傅里叶变换。

在 EWB 中,傅里叶分析方法用于分析一个时域信号的直流分量、基频分量和谐波分量时,是把被测节点处的时域变化信号作傅里叶变换,求出它的频域变化规律。因此在进行傅里叶分析时,必须首先选择被分析的节点,一般将电路中的交流激励源的频率设定为基频,若在电路中有几个交流源时,可以将基频设定在这些频率的最小公因数上。例如有 6.5 kHz 和 8.5 kHz 两个交流信号源,则基频取 0.5 kHz,因为 0.5 kHz 的 13 次谐波是 6.5 kHz、17 次谐波是 8.5 kHz。EWB 中的傅里叶分析步骤如下:

(1) 画出待分析的电路,点击"Circuit/schematic Options/show nodes",显示电路各节点号。

(2) 选择"Analysis"菜单中的"Fourier"(傅里叶分析)项,打开相应的对话框,根据对话框(见图 2.3 - 5)的提示,设置参数。

对话框中各参数含义如下:

Output node:输出节点,即被分析的电路节点,由使用者设置。缺省设置:电路中第一个节点。

Fundamental frequency:基波频率,即交流信号激励源的频率或最小公因数频率。频率的确定由电路所要处理的信号来定。缺省设置:1 kHz。

Number of harmonics:包括基波在内的谐波总数。缺省设置是:9。

Vertical scale:Y 轴刻度类型选择,包括:线性(Linear)、对数(Log)、分贝(Decibel)。缺省设置：Linear。

Display phase:显示傅里叶分析的相频特性。缺省设置:不选用。

Output as line graph:显示傅里叶分析的幅频特性(对振幅取绝对值)曲线。缺省设置:不选用。

(3) 点击"Simulate"(仿真)按钮,显示经傅里叶变换后的离散频谱波形,按"Esc"键,则停止仿真。

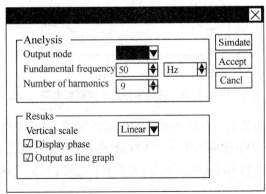

图 2.3 - 5　Fourier Analysis(傅里叶分析)对话框

3. 应用 EWB 分析信号频谱举例

建立如图 2.3-6 测试电路,分析由函数信号发生器产生的方波信号的频谱图(傅里叶变换图),即求出该节点①的傅里叶变换波形。取信号幅度为 1 V,基频为 1 kHz,谐波次数为 20,则显示该方波的频谱图如图 2.3-7 所示。

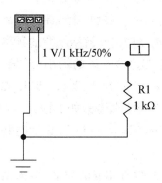

图 2.3-6 方波测试电路

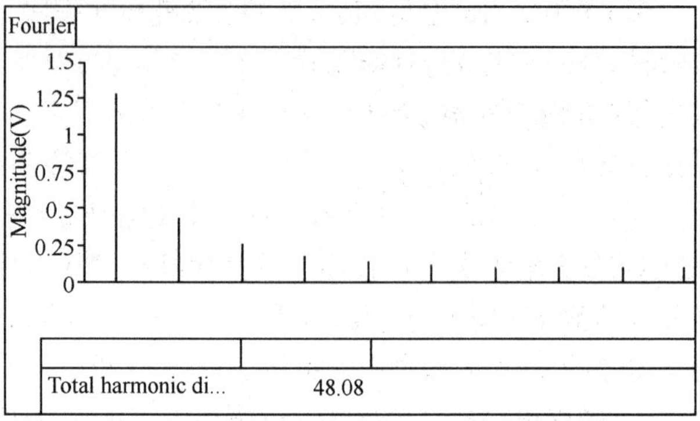

图 2.3-7 方波信号的离散傅里叶变图(频谱图)

2.3.3 实验内容

1. 建立如图 2.3-6 的测试电路,调节方波信号的占空比:

(1) 使函数信号发生器输出 $f=10$ kHz,$\tau=20$ μs,$u=2$ V 的矩形脉冲,求出其频谱,并记录频谱分布的状态。

(2) 使函数信号发生器输出 $f=10$ kHz,$\tau=10$ μs,$u=2$ V 的矩形脉冲,求出其频谱,并记录频谱的分布状态。

(3) 使函数信号发生器输出 $f=20$ kHz,$\tau=20$ μs,$u=2$ V 的矩形脉冲,求出其频谱,并记录频谱分布的状态。

2. 建立如图 2.3-9 的测试电路。

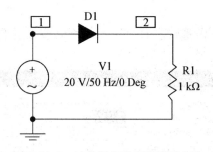

图 2.3-9 纯电阻负载半波整流电路

(1) 求出节点②的频谱。并用示波器测出其波形图,记录该点的频谱与波形图。

(2) 在图 2.3-9 中电阻两端并上 1 000 μF 电容,再看节点②频谱。

(3) 将图中电阻降到 10 Ω(电容不变)再看节点②频谱,记录该点频谱,用示波器测出该点的波形图。

3. 把上面测试电路中的函数发生器换成信号源库中的调幅信号源,使之输出幅度为 1 V,载频为 1 MHz,调制频率为 1 kHz,调制系数 m 为 30％的调幅信号,求其频谱。改变调制度 m 为 60％,求其频谱,改变调制信号频率为 10 kHz,求其频谱。

4. 利用交流电压源建立由方波(幅度为 1 V,频率为 1 kHz)的前 5 次谐波(为零的谐波次数除外)叠加的测试电路,求其频谱与时域波形图。

5. 试建立测试电路,求两个正弦波叠加的频谱。

(1) 100 kHz 和 120 kHz;

(2) 5 kHz 和 100 kHz。

2.3.4　预习要求

1. 参看第 1 章中有关 EWB 使用的简要说明,掌握用 EWB 对信号进行频谱分析方法与步骤。

2. 复习理论教科书中有关频谱分析、傅里叶变换的有关论述。

3. 振幅频谱图、相位频谱图的横坐标、纵坐标分别用什么单位表示?

4. 信号的基波频率指的是什么频率? 频谱图中每根直线表示什么?

2.3.5　思考题

1. 根据实验内容 2 求得的有关信号的频谱图,说明周期信号的重复周期 T 和脉宽 τ 变化所引起的频谱变化的规律。

2. 根据实验内容 4 求得的频谱图的结果,说明调制信号频率和调幅度 m 变化引起频谱变化的规律。

3. 根据实验内容所得的结果,说明整流、滤波对信号频谱的影响。

2.3.6　实验报告要求

1. 作出第 1 题的频谱图,建立坐标系标出各坐标的单位,标出前 5 个不为零分量的幅度。

2. 作出第 2 题的频谱图和波形图,各图都必须在各自的坐标系中。

3. 整理用 EWB 分析信号频谱的方法。

4. 比较 EWB 中的示波器与 GOS620 在操作上的异同之处。

5. 回答 2.3.5 第 1 题。

6. 心得体会及意见要求。

2.4　电信号的合成与分解

2.4.1　实验目的

1. 用 C 或 MATLAB 设计合成各次谐波的程序,验证信号可以表示为傅里叶级数的正确性。

2. 对已给的时域信号波形图可以写出或找出其傅里叶级数表达式。

3. 根据傅里叶级数表达式可以作出其振幅频谱图,相位频谱图。

4. 学会用 C 或 MATLAB 对电信号进行分析的方法。

2.4.2　实验原理

根据傅里叶级数

$$
\begin{aligned}
f(t) &= \frac{a_0}{2} + \sum_{n=1}^{\infty} (a_n \cos n\omega t + b_n \sin n\omega t) \\
&= \frac{a_0}{2} + \sum_{n=1}^{\infty} A_n \cos(n\omega t + \varphi_n)
\end{aligned}
\tag{2-5}
$$

式中:

$\dfrac{a_0}{2}$ 为直流分量;

$A_n = \sqrt{a_n^2 + b_n^2}$ 为各次正弦函数的振幅;

$\varphi_n = -\arctan\dfrac{b_n}{a_n}$ 为各次正弦函数的初相位;

$\omega = \dfrac{2\pi}{T}$,T 为函数 $f(t)$ 的周期,ω 为基波频率,n 为谐波次数。

当 $n=1$ 时,称为基波分量。

可以将任一周期电信号 $f(t)$ 表示为一系列不同频率、振幅和初相位的正弦函数的叠加,即周期信号可以分解为一系列不同频率、振幅和初相的正弦分量。因此可以用带通滤波器将信号中包含的各种频率分量提取(分解)出来,也可以根据上述公式用若干正弦信号合成所需要的波形。

上式中的相关系数为

$$
a_0 = \frac{1}{T} \int_{t_1}^{t_1+T} f(t)\,\mathrm{d}t
$$

$$
a_n = \frac{2}{T} \int_{t_1}^{t_1+T} f(t) \cos n\omega t
$$

$$
b_n = \frac{2}{T} \int_{t_1}^{t_1+T} f(t) \sin n\omega t
$$

表明各分量的振幅、相位分别是频率的函数。将各频率分量的振幅,相位分别依频率的高低排列就得到该信号的振幅频谱与相位频谱。由振幅频谱图可以直观地了解电信号的组成成份。

因此式(2-5)将时间变量变换成频率变量,揭示了信号内在的频率特性以及信号时间特性与其频率特性之间的密切关系,如图 2.4-1 所示。

从式(2-5)还可以看出,任一正弦分量的振幅,相位发生变化都会引起 $f(t)$ 的变化,因而在波形的叠加即波形合成过程中,任一正弦分量的振幅,相位以及其特定频率发生变化都会引起合成信号的失真。其中由于频率发生变化而引起的失真称为非线性失真。

根据式(2-5)的关系式进行计算机编程,就可以在计算机屏幕上进行波形的合成

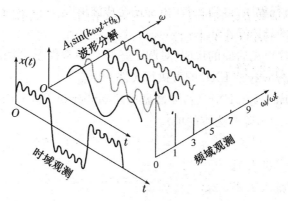

图 2.4-1　信号的时域表示与频域分析

与分解实验。

对于信号的分解,可以用谐振电路调谐得到被测信号的各次谐波频率。也可以通过对信号傅里叶级数表达式的分解式获得,画出信号的频谱图。

2.4.3　预习内容

写出如图 2.4-2 所示各波形的傅里叶级数的分解表达式,分别写出各波形前 5 次不为零的谐波的振幅、频率与初相位。各波形图中,取 $T=100\ \mu s,E=1\ V$。

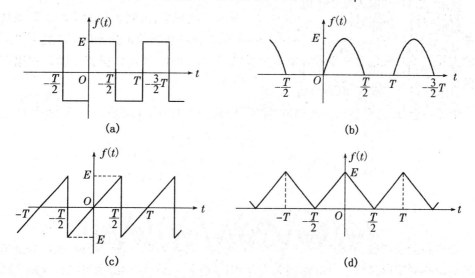

图 2.4-2　常用电信号波形

2.4.4　实验与内容

1. 检查预习中写出的图 2.4-2 图(b)、(c)、(d)图的傅里叶级数表达式。

(可用三角公式 $-\cos\alpha=\cos(180°+\alpha)$ 或 $-\cos\alpha=\cos(180°-\alpha)$)

2. 根据分解表达式,写出各次谐波的频率。

3. 试用 C 语言或 MATLAB 语言设计周期信号的合成程序。

4. 调试运行自己设计的程序(或给出的参考程序),输入方波谐波的频率(谐波次数)、振幅、相位。运行程序,得到 2.4 - 2(a)的合成波形图。

应用参考程序的具体操作如下:

若使用参考程序可见后面的说明,对调试好的 C 参考程序,当编译通过,则在计算机上形成如文件名为 wxy2. EXE 的可执行文件。

运行该执行程序 wxy2. EXE 后,屏幕显示"Number of Waveform",键入需合成波形的前 N 项(0＜N≤10,除开为零的项)。

如键入:5↙

则显示"K(I)＝"键入 1↙

显示"A(I)＝"键入 1.273 2↙

显示"P(I)＝"键入 90.000 0↙

显示"K(I)＝"键入 3↙

显示"A(I)＝"键入 0.424 4↙

显示"P(I)＝"键入 90.0000↙

显示"K(I)＝"键入 5↙

显示"A(I)＝"键入 0.254 6↙

显示"P(I)＝"键入 90.000 0↙

显示"K(I)＝"键入 7↙

显示"A(I)＝"键入 0.181 9↙

显示"P(I)＝"键入 90.000 0↙

显示"K(I)＝"键入 9↙

显示"A(I)＝"键入 0.141 5↙

显示"P(I)＝"键入 90.000 0↙

稍等一会,屏幕会显示由次谐波(除零外)及合成的波形,如图 2.4 - 3 所示。

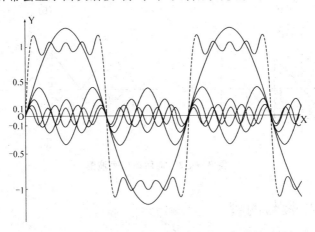

图 2.4 - 3 方波的前 5 次谐波及合成信号的波形图

4. 按上面的形式依次输入锯齿波、三角波、半波的谐波次数、幅度、相位值,并分别接通打印机,得到合成的波形,将得到的波形与图 2.4 - 2 中的对应图进行比较,验证傅里叶级数表示信号的正确性。

5. 根据图 2.4-2 中各波形的有关参数,作出各波形的振幅频谱图、相位频谱图。

2.4.5　仪器设备

PC 计算机一台。

2.4.6　实验报告要求与思考题

1. 简述实验原理,写出自己设计的程序。

2. 分别写出图 2.4-2(b)、(c)、(d)的傅里叶级数的分解表达式。

3. 分别写出(b)、(c)、(d)图,各次谐波的频率(谐波次数)振幅、相位等参数。

4. 记录实验内容中所得到的各个波形的合成过程及合成图形,并在每个波形图上标出其前三次谐波(不包括零的项)。

5. 根据实验过程中参数,作出的各波形的振幅频谱图、相位频谱图。

6. 回答思考题。

7. 心得体会。

思考题:

① 一个周期信号可以分解为无限多个正弦函数之和。每一分量包含有其他任一分量的成分吗? 为什么?

② 式(2-5)说明了时域信号 $f(t)$ 与右边的表达式存在什么关系。

2.4.7　参考程序介绍及使用

1. 电信号的合成程序 wxy2.c 设计说明

(1) 程序功能

当一个周期信号的傅里叶级数为已知,应用本程序能在荧光屏上显示出由若干正弦波形逼近的信号波形。

(2) 计算方法

傅里叶级数可表示为

$$f(t) = A_0 + \sum_{K=1}^{\infty} A_K \cos(k\omega t + \varphi_K)$$

其中:A_0 为直流分量幅度

ω 为基波角频率,K 为谐波次数,A_K 为基波及各次谐波的幅度。

φ_K 为基波及各次谐波的初相。

由给定的直流分量,基波和各次谐波的次数、幅度、初相,就可以用上述公式合成出信号波形。

(3) 设计举例

幅度为 1 的周期性方波信号的傅里叶级数为

$$f(t) = \frac{4}{\pi}\left(\sin \omega t + \frac{1}{3}\sin 3\omega t + \frac{1}{5}\sin 5\omega t + \cdots\right)$$

为便于输入数据,可以写成下式的形式,每一项表示一个谐波,包括该次谐波的振幅、频率、相位。

$$f(t) = \frac{4}{\pi}\cos(\omega t - 90°) + \frac{4}{3\pi}\cos(3\omega t - 90°) + \frac{4}{5\pi}\cos(5\omega t - 90°) + \cdots$$

由该式可直接写出,对应于程序各数组的参数:

K(I):	1	3	5	7	9
A(I):	1.273 2	0.424 4	0.254 6	0.181 9	0.141 5
P(I):	90	90	90	90	90

(4) 参考程序清单

① 变量说明

N,合成波形所需谐波个数之和(不包括为零项)。

K(I),各谐波次数。

A(I),各谐波振幅。

P(I),各谐波初相。

BS(N,630),各谐波分量在一个多周期的 630 处的取值。

BS(M,630),各谐波分量在一个多周期的 630 处取值的叠加结果,即合成的波形在 619 处的取值。

MS(N,630),对 BS(N,630)取整。

MS(M,630),对 BS(M,630)取整。

② 程序清单

```
#include<stdio. h>
#include<math. h>
#include<graphics. h>
#include<conio. h>
#include<dos. h>
#include<stdlib. h>
#include<alloc. h>
#define PI 3.1415926
#define R (PI/180)
 main( )
 {
  int i,n,j,m,x;
  int d=0;
  int f=0;
  int k[20],ms[10][630];
  float bs[10][630];
  float a[20],p[20];
  printf("number of Waveform\n");
```

```
printf("Input the Number of n:");
scanf("%d",&n);
for(i=1;i<=n;i++)    /*读入 n 个谐波分量的各个参数、频率、振幅及相
位*/
    { printf("k[i]=")
      scanf("%d",&k[i]);
      printf("a[i]=");P      scanf("%f",&a[i]);
      printf("p[i]=");
      scanf("%f",&p[i]);}
m=n+1;
for(i=1;i<=m;i++)    /*计算各次谐波在一个多周期 630 处的函数值及叠
加的结果*/
    { for(j=1;j<630;j++)
        { bs[i][j]=a[i]*60.0*cos(R*(j*k[i]-p[i]));
          ms[m][j]=sc(bs[i][j]);}}
    bs[m][j]=0.00001;
    for(i=1;i<m;i++)
        {
            for(j=1;j<630;j++)
            { bs[m][j]=bs[m][j]+bs[i][j];
              ms[m][j]=sc(bs[m][j]);}
        }
initgraph(&d,&f,"c:\\tc");    /*初始化图形模式*/
setbcolor(11);        /*设置背景色*/
printf("-*****The-Wave*****-\n");
 setcolor(1);              /*设置波形图的颜色*/
    { for(i=1;i>m-1;i++)           /*作波形图*/
        {for(j=1;j<=630;j+=2)
            {line(j+32,ms[i][j]*2.5-370,j+32,
            ms[i][j]*2.5-370);}}}
setcolor(4);
    { for(j=1;j<630;j++)
        {line(j+32,ms[m][j]*2.5-370,
                j+32,ms[i][j]*2.5-370);}}
setcolor(6);/*作坐标*/
line(32,20,32,450); line(32,227,640,227);
line(625,222,640,227);
line(32,20,37,35);
```

```
line(625,232,640,227);line(27,35,32,20);
setcolor(6)
settextstyle(0,0,1);
    outtextxy(22,224,"0");outtextxy(16,380,"－1");
    outtextxy(24,77,"1");outtextxy(0,224,"－0.1")
    outtextxy(7,212,"0.1");outtextxy(7,152,"0.5");
    outtextxy(0,304,"－0.5");outtextxy(630,235,"X");
    outtextxy(36,25,"Y");
setcolor(6)
setlinestyle(0,0,1);
  moveto(32,80);   lineto(37,80);
  moveto(32,382); lineto(37,382);
  moveto(32,155); lineto(37,155);
  moveto(32,307); lineto(37,307);
  moveto(32,215); lineto(37,215);
  moveto(32,247); lineto(37,247);
  getch;
  closegraph();/*关闭图形方式*/
    }
sc(yi)/*坐标变换子程序*/
double yi;
{ int  y;
  double ymax=320.0;
  y=ymax-(int)(yi+ymax/4);
  return(y);}
```

2. 应用 MATLAB 实现上述功能参考程序

```
T=input('input T:');
t=0:T/100:2*T;
a0=input('input a0:');
n=input('input n:');
w=2*pi/T;
s=0;
for i=1:n
k(i)=input('input k(i):');
a(i)=input('input a(i):');
p(i)=input('input p(i):');
y=a(i)*cos(k(i)*w*t-p(i)*pi/180);
plot(t,y);
```

```
s=s+y;
hold on
end;
f=s+a0;
plot(t,f);
```

2.5　用沃尔什函数合成波形

2.5.1　实验目的

1. 通过实验,了解作为另一种完备正交函数集的沃尔什函数的基本概念与波形实现。

2. 分析用沃尔什函数构成各种常见信号的波形特点。

2.5.2　实验原理

1. 信号分解的方式不是唯一的,根据沃尔什级数

$$x(t) = C_0 + \sum_{m=1}^{\infty} \left[c_m \mathrm{cal}(m,t) + S_m \mathrm{sal}(m,t) \right] \qquad (2-6)$$

也可以将一周期性电信号分解为许多序号不同的沃尔什函数之和。沃尔什系数可由下式求得

$$C_0 = \int_0^1 x(t)\mathrm{cal}(0,t)\mathrm{d}t = \int_0^1 x(t)\mathrm{d}t \qquad (2-7)$$

$$C_m = \int_0^1 x(t)\mathrm{cal}(m,t)\mathrm{d}t \qquad (2-8)$$

$$S_m = \int_0^1 x(t)\mathrm{sal}(m,t)\mathrm{d}t \qquad (2-9)$$

用式(2-7)～(2-9)计算系数时,$x(t)$的周期应取为 1,若它的周期不是 1 而是 T 时,应以 t/T 代换 t。例如可以用沃尔什函数逼近正弦波,若 $x(t) = \sin 2\pi t$
则

$$C_0 = \int_0^1 \sin 2\pi t \mathrm{d}t = 0$$

$$C_1 = \int_0^1 \sin 2\pi t \mathrm{cal}(1,t)\mathrm{d}t = \int_0^{\frac{1}{4}} \sin 2\pi t \mathrm{d}t - \int_{\frac{1}{4}}^{\frac{3}{4}} \sin 2\pi t \mathrm{d}t + \int_{\frac{3}{4}}^1 \sin 2\pi t \mathrm{d}t = 0$$

$$S_1 = \int_0^1 \sin 2\pi t \mathrm{sal}(1,t)\mathrm{d}t = \int_0^{\frac{1}{2}} \sin 2\pi t \mathrm{d}t - \int_{\frac{1}{2}}^1 \sin 2\pi t \mathrm{d}t = \frac{2}{\pi} \approx 0.637$$

依次可以求得

$$S_3 = -0.264$$

$$S_5 = -0.052$$

$$S_7 = -0.127$$

$$\vdots$$

所以 $x(t) = \sin 2\pi t = 0.637\,\text{sal}(1,t) - 0.264\,\text{sal}(3,t) - 0.052\,\text{sal}(5,t) - 0.127\,\text{sal}(7,t)\cdots$

上例用沃尔什函数合成的正弦信号如图 2.5-1 所示。

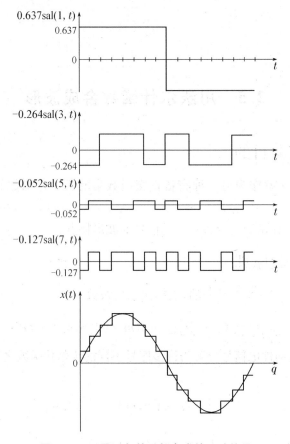

图 2.5-1 用沃尔什函数合成的正弦信号

同理可以求得半正弦脉冲 $x(t) = \sin \pi t$

$= 0.637 - 0.264\,\text{cal}(1,t) - 0.052\,\text{cal}(2,t) - 0.126\,7\,\text{cal}(3,t) + \cdots$ $(0 \leqslant t < 1)$

梯形波

$$x(t) = \begin{cases} 2t & 0 < t \leqslant \dfrac{1}{4} \\[2mm] \dfrac{1}{2} & \dfrac{1}{4} < t \leqslant \dfrac{3}{4} \\[2mm] -2t+2 & \dfrac{3}{4} < t < 1 \end{cases}$$

$$= \frac{3}{8} - \frac{1}{8}\,\text{cal}(2,t) - \frac{1}{16}\,\text{cal}(6,t) - \frac{1}{32}\,\text{cal}(12,t) - \cdots (0 \leqslant t < 1)$$

锯齿波 $= \text{sal}(1,t) + \dfrac{1}{2}\,\text{sal}(3,t) + \dfrac{1}{4}\,\text{sal}(7,t) + \dfrac{1}{8}\,\text{sal}(15,t) + \cdots$ $(0 \leqslant t < 1)$

三角波 $= \text{cal}(1,t) + \dfrac{1}{2}\,\text{cal}(3,t) + \dfrac{1}{4}\,\text{cal}(7,t) + \cdots$ $(0 \leqslant t < 1)$

有了这些波形的沃尔什分量,通过硬件实施,就可以实现波形的合成。

2. 用沃尔什函数合成信号的方框图如图 2.5－2 所示。

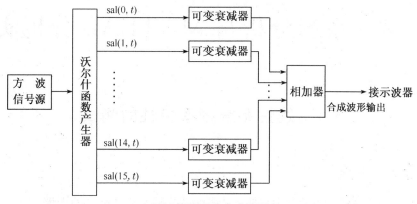

用沃尔什函数合成波形

图 2.5－2　用沃尔什函数合成信号的方框图

由低频信号发生器产生 5 kHz 的方波作为 sal(15,t) 送到沃尔什函数发生器,该产生器产生除 sal(15,t) 以外的前 15 个沃尔什信号,各波形根据自己所需的沃尔什分量分别送到反相输入式模拟加法器或同相输入式模拟加法器,在加法器的输出端分别得到所需合成的各种信号。

2.5.3　实验仪器

1. 方波信号源　　　　一台
2. 示波器　　　　　　一台
3. 实验板　　　　　　一块

2.5.4　实验内容

1. 参考图 2.6－2 的框图,设计用沃尔什函数合成信号的电路。
2. 按沃尔什函数各分量的要求,调整出正弦波、锯齿波、三角波、梯形波等信号的各沃尔什分量,并进行信号的合成。
3. 记下各常见信号的沃尔什函数合成波形图。

2.5.5　预习要求

1. 预习有关用沃尔什函数表示信号等方面的内容。
2. 求出正弦波、锯齿波、三角波、梯形波等信号的沃尔什分量。
3. 设计用沃尔什函数合成信号的电路。

2.5.6　实验报告要求

1. 整理好各沃尔什函数合成的波形图。
2. 比较各表示的信号波形图与用傅里叶级数合成的信号有哪些不同之处。
3. 心得体会。

第 3 章　系统分析与 MATLAB 分析实验

3.1　线性系统频率特性的测试

3.1.1　实验目的

1. 通过测量系统的频率特性,加深对线性系统频率特性概念的理解。
2. 通过测试方法的分析,学会测试线性系统频率特性的实现方式。
3. 掌握用 EWB 测量系统频率特性的方法。
4. 了解有关滤波器的频率特性。

3.1.2　实验原理

1. 系统特性的频域表示

线性时不变系统的数学模型可以用 n 阶常系数线性微分方程来描述,即

$$a_n y^{(n)}(t) + a_{(n-1)} y^{(n-1)}(t) + \cdots + a_1 y'(t) + a_0 y(t)$$
$$= b_m f^{(m)}(t) + b_{(m-1)} f^{(m-1)}(t) + \cdots + b_1 f'(t) + b_0 f(t) \tag{3-1}$$

式中 $f(t)$ 为系统的输入激励,$y(t)$ 为系统的输出响应。

对上式两边同取傅里叶变换,并利用频谱函数的时域微分特性,可得

$$[a_n (j\omega)^n + a_{(n-1)} (j\omega)^{(n-1)} + \cdots + a_1 (j\omega) + a_0] \cdot Y(j\omega)$$
$$= [b_m (j\omega)^m + b_{(m-1)} (j\omega)^{(m-1)} + \cdots + b_1 (j\omega) + b_0] \cdot F(j\omega) \tag{3-2}$$

上式整理后可得

$$H(j\omega) = \frac{Y(j\omega)}{F(j\omega)} = \frac{b_m (j\omega)^m + b_{m-1} (j\omega)^{m-1} + \cdots + b_1 (j\omega) + b_0}{a_n (j\omega)^n + a_{n-1} (j\omega)^{n-1} + \cdots + a_1 (j\omega) + a_0} \tag{3-3}$$

上式表明,$H(j\omega)$ 为系统在零状态下输出响应与输入激励的频谱函数之比,称为系统的系统函数,也称为系统的频率响应特性(简称频响特性)。在系统频域分析中,系统函数 $H(j\omega)$ 起着极为重要的作用,它表征了系统的频率特性,是系统特性的频域描述。

2. 系统函数 $H(j\omega)$(系统的频率响应特性)

当系统的激励为单位冲激信号 $\delta(t)$ 时,系统的零状态响应即为系统的冲激响应,利用(3-3)式可得

$$H(j\omega) = \frac{Y(j\omega)}{F(j\omega)} = \mathscr{F}[h(t)] / \mathscr{F}[\delta(t)] = \mathscr{F}[h(t)] \tag{3-4}$$

说明 $H(j\omega)$ 只与系统结构及内部参数有关。正如卷积积分法的核心是求解系统的冲激响应 $h(t)$ 一样,频域分析法的核心是求解系统的系数函数,即系统的频率响应特性

$H(j\omega)$。可由三种方法求得：一是利用系统的动态方程式(3-3)直接计算；二是由系统的冲激响应 $h(t)$ 的傅里叶变换计算；三是由系统的正弦稳态频率响应函数计算求得，该频率响应函数可以写为输出电压与输入电压的有效值之比

$$H(j\omega) = \frac{\dot{U}_0}{\dot{U}_i} \qquad (3-5)$$

这样就可以用实际的电路和仪器测量求得。

由于 $H(j\omega)$ 是一个复数，因此可以写成

$$H(j\omega) = |H(j\omega)| \angle H(j\omega) \qquad (3-6)$$

表示了一个系统在所有频率下输出的信号幅度与相位的组合信息。系统的模 $|H(j\omega)|$ 和幅角 $\angle H(j\omega)$ 都是频率的函数，$|H(j\omega)|$ 与频率 ω 的关系称为系统的幅频特性，表示了系统输出信号幅度与输入信号幅度之比与频率的关系。$\angle H(j\omega)$ 与频率 ω 的关系称为系统的相频特性，表示了系统输出信号相位与输入信号相位的相位差与频率的关系。幅频特性的测量可采用"逐点法"或用频率特性测试仪直接观测。

3. 测量方法

(1) 逐点法

逐点法测量是严格按频率特性的定义进行的。图 3.1-1 示出了用逐点法测量二端口网络的电压传输函数 $H(j\omega)$ 的幅频特性方框图。

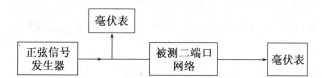

图 3.1-1　测量电压传输函数 $H(j\omega)$ 的幅频特性方框图

正弦信号发生器产生不同频率的正弦波激励电压 u_1，用毫伏表监测激励电压 u_1 和响应电压 u_2。在被测二端口网络的整个工作频段内，改变激励电压的频率而注意监测并保持幅度 u_1 不变，逐点测得各相应频率的响应电压 u_2，则根据不同频率时的 u_2/u_1 值，便可画出被测网络的电压传输函数的幅频特性曲线。

测量时要保证被测网络处于线性工作状态，这主要由两个方面保证：一是组成被测网络的元件特别是有源元件要工作在线性区；二是输入信号幅度应适当，过大的幅度可能引起被测网络中某些元件工作在非线性区。检查被测网络是否工作在线性区域的简单可行的方法是：当激励电压变化 K 倍，响应电压是否也随着变化 K 倍。

绘制幅频特性曲线时，频率坐标常采用对数坐标，这样可以在很宽的频率范围内将幅频特性曲线的特性清晰地反映出来，否则低频部分将受到很大的压缩。例如我们所测量的幅频特性是从 100 Hz～100 kHz，若采用均匀刻度的坐标则低频部分将压缩在一起，无法将低频部分幅频特性曲线的特点真实地反映出来。而采用对数坐标就解决了这个问题。

逐点法可用常用的简单仪器进行测量，但是测量一条频率特性曲线需取的频率点一般在十多个以上，测量时间较长，这样，在各次的测量过程中，由于测量仪器的不稳定会造成测量数据不准确，因此所得频率特性只能是近似的。

（2）用频率特性测试仪测量幅频特性

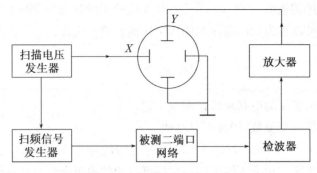

图 3.1-2　扫描仪测量幅频特性

频率特性测试仪的原理可用图 3.1-2 来说明。扫描电压发生器产生锯齿波电压，它一方面供给示波器管的水平偏转板，使电子束在水平方向偏转；另一方面控制扫频信号发生器，使扫频信号发生器的输出电压的频率与扫描电压的幅度成正比。因此电子束在荧光屏上的每一水平位置，都对应某一频率，并且是按顺序均匀变化的。这样荧光屏上的水平扫描线便表示了频率轴，扫频信号发生器输出的频率均匀变化而幅度恒定的电压加到被测网络的输入端后，被测网络的输出电压必然由网络的幅频特性所决定，此电压经检波放大后加到示波管的垂直偏转板，在荧光屏上便显示出被测网络的幅频特性曲线。频率范围可通过调节扫描信号发生器而改变。由于扫描信号发生器不可能有很宽的扫描范围，所以频率特性测试仪一般分为若干频段，或分别做成用于不同频率范围的仪器。

为了便于荧光屏上观察到的图形与频率相对应，扫描仪内还设有频标发生器，将其输出的右频率的频标消耗叠加在幅频特性曲线上（如图3.1-3 所示），起频率刻度的作用。每间隔1 MHz 有一个小频标，每 10 MHz 有一个大频标。由于频标是由晶体振荡器所产生的，所以频率极为稳定和准确。

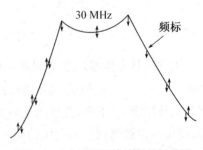

图 3.1-3　加频标的幅频特性曲线

扫频法与逐点法比较具有快速、可靠、直观等特点，因此扫频法得到广泛的应用。

相频特性的测量可利用示波器测量相位差的方法进行，即测出在不同频率时响应与激励之间的相位差，根据测量结果可以绘出相频特性曲线。

（3）用 EWB 中的波特图仪或交流频率分析项目得到系统的幅频特性曲线和相频特性曲线

波特图就是采用双对数坐标绘制出的系统频响函数图，其优点在于绘制快，便于反映系统的增益特性和相位特性。在要求不甚高的情况，用波特图表示系统的频响特性，更具有快而省时的实用性。

波特图仪是 EWB 中的虚拟仪器之一，用来测量和显示一个电路系统的幅频特性 $A(f)$ 和相频特性 $\varphi(f)$，其使用及与电路连接参见 3.1.9 节。

EWB 中共有 13 中分析方法，交流频率分析可对电路中某节点进行频率分析，并自动产生该节点电压幅频特性曲线及该节点电压的相频特性曲线,结果与波特图仪分析相同,具体使用方法见 3.1.9 节。

(4) 测试线路

由幅频特性得

$$|H(j\omega)| = \frac{U_2}{U_1} \quad (其中 U_1、U_2 \text{ 分别为响应、激励向量的有效值})$$

可见,只要分别将不同频率下的 U_1、U_2 测量出来,就可以在直角坐标中绘制出幅频特性曲线。逐点法就是保持输入电压 U_1 不变,改变输入信号频率,用电压表测量出不同频率下的输入、输出电压 U_1、U_2 之值,如图 3.1-4 所示。

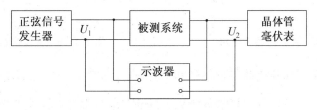

图 3.1-4　幅频特性测试线路框图

(5) 常见滤波器的理想频率特性曲线

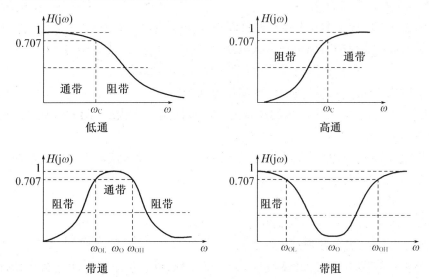

3.1.3　仪器设备

1. 正弦信号发生器　一台
2. 毫伏表　一台
3. 双踪示波器　一台
4. 面包板及电路元件　一套

3.1.4　实验内容

1. 测试如图 3.1-5 电路的频率特性。

取 $R=5.1\,\mathrm{k\Omega}$，$C=0.033\,\mu\mathrm{F}$，$U_1=1\,\mathrm{V}$，正弦输入电压频率从 20 Hz～500 kHz 变化，选择适当的频率点，测量相应的输入、输出电压值和电平(dB)值，用双迹法测试相应频率下 U_1、U_2 的相位差，并记于自己设计的表格中。

2. 将图 3.1-5 电路中的 R 与 C 交换位置，由 R 上输出电压 U_2，测量此电路的幅频特性及相频特性。

3. 测量图 3.1-6 所示电路 RC 串并联电路的频率特性。

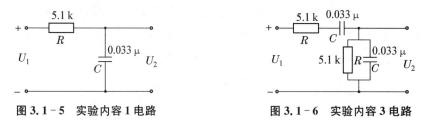

图 3.1-5　实验内容 1 电路　　　　　图 3.1-6　实验内容 3 电路

4. 应用 EWB 中的波特图仪对前面的滤波器进行测试。

3.1.5　应用 EWB 中的波特图仪测试系统频率特性的方法(参考)

1. 根据 3.1.9 节波特图仪的使用方法，建立电路(系统)与波特图仪连接的电路，并设置相关参数。其中：

① 用正弦交流电压源作 U_1，并设置 $U_1=1\,\mathrm{V}$；

② 引入波特图仪的图标建立测试电路；

③ 对波特图仪的面板进行设置，直到出现相应的曲线。

2. 低通或高通滤波器频响曲线的测量方法。

当波特图仪的显示屏上出现滤波器的频率特性响应曲线后，先求出系统的截止频率 f0，方法如下：

① 当系统的输出幅度降到系统输入幅度的 0.707 倍时，该输出幅度所对应的频率即为系统的截止频率 f0。

② 由此确定测试点为：

0.01 f0，　　0.1 f0，　　0.5 f0，　　5 f0，　　10 f0，　　100 f0.

建立测试表格，填上各测试点的数据。

③ 分别在该系统的幅度频率特性图上(横坐标、纵坐标单位)、相位频率特性图上标出以上各测试点的数据；包括各坐标的起点值、终点值。

3. 带通滤波器的测量方法。

① 先求出系统的中心频率 ω0(在输出幅度降到输入的 0.333 倍时)。

② 向小于 ω0 的方向，当输出幅度降到 ω0 的 0.707 倍，该输出幅度所对应的频率为系统的下边频截止频率 ω1；确定测试点为：

0.01 ω1，　　0.1 ω1，　　0.5 ω1。

③ 向大于 ω0 的方向，当输出幅度降到 ω0 的 0.707 倍，该输出幅度所对应的频率为系统的上边频截止频率 ω2；确定测试点为：

5 ω2，　　10ω2，　　100ω2

④ 在该系统的幅度频率特性图上(横坐标、纵坐标单位)、相位频率特性图上标出以上各测试点的数据;包括各坐标的起点值、终点值。

3.1.6 预习要求

1. 根据频率特性概念,推导图 3.1-5 所示低通滤波器的幅频特性和相频特性函数表达式。

2. 如何确定被测系统的截止频率? 写出用 EWB 测试系统频率特性的方法。

3. 为什么把系统称之为滤波器?

3.1.7 实验报告要求与思考题

1. 根据实验数据绘制图 3.1-5 电路的幅频特性图和相频特性图。纵坐标用 U_2/U_1 表示,横坐标用 ω 表示包括起点值、终点值与图上应标明 7 个测试点在图中的位置与数据。说明在两种情况下,滤波器的频率特性。

2. 由实验数据绘制图 3.1-6 电路的幅频特性和相频特性,横坐标用 ω/ω_0,纵坐标用 U_2/U_1 表示,说明该滤波器的特点。

3. RC 串并网络的实验中,当 $\omega=\omega_0$ 时,输出电压及输入电压 U_2、U_1 的振幅、相位关系如何? 是否符合理论值? 为什么?

4. 正弦交流电压源在系统频特性测试中起什么作用?

3.1.8 注意事项

1. 测量幅频特性时,每改变一次频率都要使输入电压 U_1 保持 1 V 不变。

2. 测量相频特性时,双迹法测量误差较大,操作、读数应仔细。

3.1.9 EWB 中波特图仪的使用

波特图仪类似于通常实验室的扫频仪,可以用来测量和显示电路的幅频特性与相频特性。波特图仪的图标及其面板见图 3.1-7。波特图仪有 IN 和 OUT 两对端口,其中 IN 端口的＋V 端和－V 端分别接电路输入端的正端和负端;OUT 端口的＋V 端和－V 端分别接电路输出端的正端和负端。此外使用波特图仪时,必须在电路的输入端

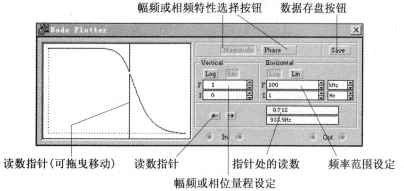

图 3.1-7 波特图仪的图标及面板

接入 AC(交流)信号源但对其信号频率的设定并无特殊要求,频率测量的范围由波特图仪的参数设置决定。

电路启动后可以修改波特图仪的参数设置(如坐标范围)及其在电路中的测试点,但修改以后建议重新启动电路,使曲线显示完整与准确。波特图仪各部分参数的设置如图 3.1-8 所示。

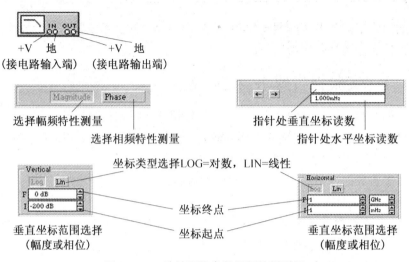

图 3.1-8　波特图仪参数设置按钮说明

3.1.10　应用 EWB 中的交流频率分析(AC Frequency Analysis)选项进行系统频率特性的分析

交流频率分析,即分析电路的频率特性。需先选定分析的电路节点,在分析时,电路中的直流源将自动置零,交流信号源、电容、电感等均处在交流模式,输入信号也设定为正弦形式。若把函数信号发生器的其他信号作为输入激励信号,在进行交流频率分析时,会自动把它作为正弦信号输入。因此输出响应也是该电路交流频率的函数。

交流频率分析步骤:

(1) 在电子工作台上创建需进行分析的电路图,确定输入信号的幅度和相位,同时选择"分析(Analysis)"栏中的"交流频率(AC Frequency)"。

(2) 在对话框中,确定分析的电路节点、分析的起始频率(FSTART)、终点频率(FSTOP)、扫描形式(Sweep Type)、显示点数(Number Points)和纵向尺度(Vertical Scale),具体设置见表 3.1-1 所示。

表 3.1-1　交流频率分析参数对话框设置

交流频率分析	含义和设置要求
Start Frequency	扫描起始频率。缺省设置为:1 Hz。
End Frequency	扫描终点频率。缺省设置为:1 GHz。
Sweep Type	扫描形式:十进制/线性/倍频程。缺省设置:十进制。

交流频率分析	含义和设置要求
Number of Points/Points per	显示点数。缺省设置为：100。
Vertical Scale	纵向尺度形式：线性/对数/分贝。缺省设置：对数。
Nodes for Analysis	被分析的节点，为编号(ID)节点，而不是标识(lable)的节点。

（3）按"仿真"(Simulate)键，即可在显示图上获得被分析节点的频率特性波形。按"ESC"键，将停止仿真的运行。

交流分析的结果，可以显示幅频特性和相频特性两个图。如果用波特图仪连至电路的输入端和被测节点，同样也可以获得交流频率特性。

3.2　低通滤波器设计

3.2.1　实验目的

1. 通过设计二阶有源低通滤波器，掌握有关滤波器系统的性能。
2. 了解运放在低通有源滤波器中的作用。

3.2.2　实验原理

1. 本实验给出二阶有源低通滤波器如图 3.2-1 所示

通带电压放大倍数　　　　　　　$A_{uf} = 1 + \dfrac{R_f}{R_b}$

截止角频率　　　　　　　$\omega_c = \dfrac{1}{\sqrt{R_1 R_2 C_1 C_2}}$

等效品质因数　　　　$Q = \dfrac{\sqrt{R_1 R_2 C_1 C_2}}{C_2(R_1 + R_2) + (1 - A_{uf})R_1 C_1}$

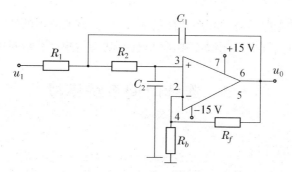

图 3.2-1　二阶有源低通滤波器

2. 设计方法

① 设 $A_{uf} = 1, R_1 = R_2$，则 $R_b = \infty, Q = \dfrac{1}{2}\sqrt{\dfrac{C_1}{C_2}}, f_c = \dfrac{1}{2\pi R \sqrt{C_1 C_2}}, C_1 = \dfrac{2Q}{\omega_c R}$,

$$C_2 = \frac{1}{2Q\omega_C R}。$$

在设计中,通常取 $A_{uf}=1$,因而工作稳定,适用于高 Q 值应用。

② 设 $R_1=R_2=R$,$C_1=C_2=C$,则 $Q=\dfrac{1}{3-A_{uf}}$,$f_c=\dfrac{1}{2\pi RC}。$

当 $Q=\dfrac{1}{\sqrt{2}}\approx0.71$,为巴特沃思特性;$Q=\dfrac{1}{3}\approx0.58$,为贝塞尔特性;$Q=0.96$,为切比雪夫特性。

3.2.3　实验内容

1. 根据计算出的 C_1、C_2,及 C,应用 EWB 完成两滤波器的设计。

2. 设计合适的测试线路,用 3.1 实验中的测试方法分析两滤波器的频率特性。

3. 以 1.4.4 实验内容中的第 4 题产生的抽样信号 $f_s(t)$ 作为滤波器的输入信号,应用设计方法②,设计合适的滤波器,以达到最好的滤波效果,使 $f(t)$ 信号得到恢复。

3.2.4　预习要求

1. 试推导出该二阶有源滤波器的幅频特性和相频特性。

2. 设计两个有源低通滤波器,电路按原理说明图 3.2-1 所示的,要求用设计方法①设计当 $f_{C1}=4\ \text{kHz}$,$R_1=R_2=5.1\ \text{k}\Omega$ 时,计算 C_1 及 C_2;用设计方法②设计当 $f_{c2}=2\ \text{kHz}$,$R_1=R_2=5.1\ \text{k}\Omega$,$Q=0.71$ 时,计算 C。

3.2.5　思考题

1. 有输出信号幅度大于输入信号幅度的情况吗? 为什么?

2. 输出信号与输入信号产生相移的情况如何? 为什么?

3.2.6　实验报告要求

1. 整理设计的电路与有关频率特性的曲线,分析该滤波器的性能。

2. 写出测试电路框图与测试步骤,将得到的结果与理论分析对照。

3.3　连续时间系统模拟

3.3.1　实验目的

1. 了解基本运算器——加法器、标量乘法器和积分器的电路结构和运算功能。

2. 掌握一阶系统的运算模拟方法,比较一阶时间系统与运算模拟系统的阶跃响应。

3. 掌握二阶系统的运算模拟方法,比较二阶时间系统与运算模拟系统的频率特性。

3.3.2　实验原理

1. 三种基本运算器电路分析

（1）标量乘法器（比较放大器）。如图 3.3-1(a)所示。输出信号是输入信号的 $\left(-\dfrac{R_2}{R_1}\right)$ 倍，即 $u_{\mathrm{o}}=-\dfrac{R_2}{R_1}u_{\mathrm{i}}=-au_{\mathrm{i}}$。

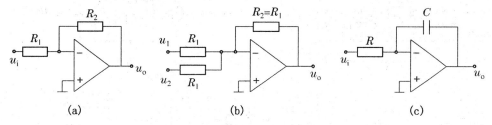

图 3.3-1　三种基本运算器电路

（2）加法器如图 3.3-1(b)所示。输出信号等于若干输入信号之和，即

$$u_{\mathrm{o}}=-\frac{R_2}{R_1}(u_1+u_2)=-(u_1+u_2)$$

（3）积分器如图 3.3-1(c)所示，输出信号为

$$u_{\mathrm{o}}=-\frac{1}{RC}\int_{-\infty}^{t}u_{\mathrm{i}}(\lambda)\,\mathrm{d}\lambda$$

2. 连续时间系统模拟

微分方程的一般形式为

$$y^{(n)}+a_{n-1}y^{(n-1)}+\cdots+a_1y^{(1)}+a_0y=x$$

其中 x 为激励，y 为响应。由于积分器比微分器抗干扰性能好，故在模拟系统微分方程时采用积分器，且必须将微分方程输出函数的最高阶导数保留在等式左边，而把其余各项一起移到等式右边，成为

$$y^{(n)}=x-a_{n-1}y^{(n-1)}-\cdots-a_1y^{(1)}-a_0y$$

只要将最高阶导数作为第一积分器的输入，以后每经过一个积分器，输出的函数导数就降低一阶，直到获得输出 y 为止。将输出 y 与 y 的各阶导数分别通过各自的标量乘法器，再汇总到第一个积分器前面的加法器与输入函数 x 相加，则该模拟装置的输入和输出服从的方程与被模拟的实际系统微分方程完全相同。由此可得一阶微分方程的模拟电路如图 3.3-2(a)所示，二阶微分方程的模拟框图如图 3.3-2(b)所示。

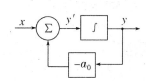
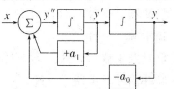

(a) $y'+a_0y=x$　一阶系统的模拟　　　　(b) $y''+a_1y'+a_0y=x$　二阶系统的模拟

图 3.3-2　系统模拟模拟框图

（1）一阶系统运算模拟

如图 3.3 - 3(a)所示，其为一阶 RC 电路，可用以下方程描述

$$\frac{\mathrm{d}y(t)}{\mathrm{d}t}+\frac{1}{RC}y(t)=\frac{1}{RC}x(t)$$

其模拟框图如图 3.3 - 3(b)、(c)，实际电路如图 3.3 - 3(d)。

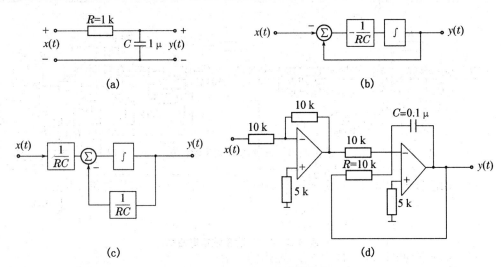

图 3.3 - 3 一阶系统运算模拟

（2）二阶系统运算模拟

图 3.3 - 4(a)是 RLC 串联二阶电路，其可用以下方程描述

$$y''(t)+\frac{R}{L}y'(t)+\frac{1}{LC}y(t)=\frac{R}{L}x'(t)$$

引入辅助函数 $q(t)$

$$q''(t)+\frac{R}{L}q'(t)+\frac{1}{LC}q(t)=x(t)$$

$$y(t)=\frac{R}{L}q'(t)$$

若 $R=10\ \Omega, L=100\ \mathrm{MHz}, C=1\ \mu\mathrm{F}$，则可的其模拟框图如图 3.3 - 4(b)，为得实际电路，将图 3.3 - 4(b)改画为图 3.3 - 4(c)，其实际模拟电路如图 3.3 - 4(d)。

3.3.3 实验仪器

1. 示波器 一台

2. 稳压源 一台

3. 信号发生器 一台

4. 脉冲信号发生器 一台

5. 实验板 一块

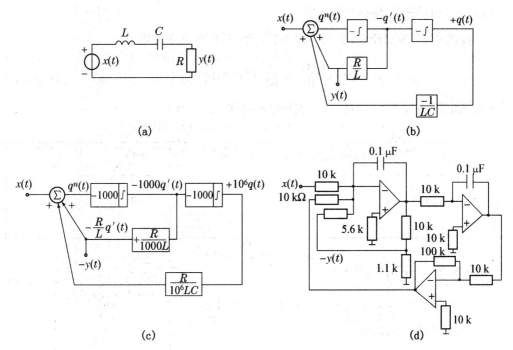

图 3.3－4　二阶系统运算模拟

3.3.4　实验内容

1. 加法器的测试如图 3.3－5(a)。

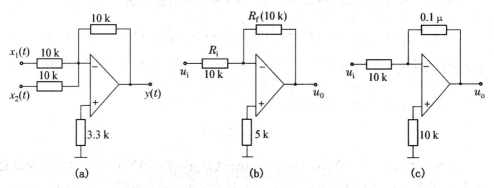

图 3.3－5　三种基本运算器电路

如图 3.3－5(a)所示，$x_1(t)$ 是周期为 1 ms、峰—峰值为 1 V 的方波，$x_2(t)$ 是频率为 5 kHz、峰—峰值为 1.0 V 的正弦波，记下输出电压 u_o 的波形 $y(t)$。

2. 标量乘法器的测试如图 3.3－5(b)。

u_i 为周期为 1 ms，幅度为 1.5 V 的方波，记下输出 u_o 的波形。

3. 积分器的测试如图 3.3－4(c)。

u_i 为周期为 1 ms、峰—峰值为 2 V 的方波，记下输出 u_o 的波形。

4. 一阶实际电路与一阶模拟电路阶跃响应的测试。

电路结构如图 3.3－3(c)、(d)所示，输入 $x(t)$ 为频率为 1 kHz，幅度为 1 V 的方波，分别记下各电路的输出 $y(t)$ 的波形。

5. 二阶模拟电路及二阶实际电路频率特性的测试。

如图 3.3－4(d)所示，在 $x(t)$ 处输入正弦波信号：幅度为 1 V，频率为 200～900 Hz，在 $y(t)$ 输出端测得输出值填入表 3.3－1 中。分别画出二阶模拟、实际电路的频率响应特性曲线。

表 3.3－1 二阶模拟电路及二阶实际电路特性测试

输入正弦波信号：幅度 $u_2=1$ V、频率 $f=200\sim900$ Hz						
$f(\text{Hz})$						
输出 $V_o(\text{mV})$（模）						
输出 $V_o(\text{mV})$（实）						

3.3.5 预习内容

1. 复习教科书中有关线性系统模拟的论述。

2. 熟悉线性系统模拟的一般方法。

3.3.6 实验报告要求

1. 准确绘出各基本运算器的输入输出波形，标出峰—峰电压及周期，分析运算功能。

2. 绘出各种模拟响应的波形，如一阶系统微分方程的响应，二阶系统微分方程的响应，并与理论分析结果相对照，与被模拟的系统对照。

3. 绘出二阶实际电路与二阶模拟电路的频率特性曲线。

4. 回答问题：一阶实际电路与一阶模拟电路阶跃响应的相应波形相同吗，为什么？二阶模拟电路与二阶实际电路频率特性曲线相同吗？为什么？

5. 实验中发现的问题及解决办法。

6. 心得体会。

3.4 系统的零状态响应

3.4.1 实验目的

学会用 MATLAB 语言编程来求系统的响应。

3.4.2 实验原理

连续时间线性非时变系统的响应

$$\sum_{i=0}^{N} ay^{(i)}(t) = \sum_{j=0}^{M} bf^{j=0}(t)$$

此线性常系数微分方程可以用来描述连续时间线性非时变系统,利用微分方程的经典时域求解方法,可以求出系统的响应,但对于高阶系统,手工计算将会非常困难和繁琐。而 MATLAB 的 lsim( ) 函数能对上述微分方程描述的系统的响应进行仿真,能绘制连续系统在指定的任意时间范围内系统响应的时域波形图,还能求出连续系统在指定的任意时间范围内系统响应的数值解。利用 impulse( ) 函数可以求出系统在任意指定时间范围内的冲激响应,step( ) 函数可以求出系统在任意指定时间范围内的阶跃响应。

对于离散系统响应的求解,MATLAB 提供了专用函数 filter( )。该函数能求出由差分方程描述的离散系统在指定时间范围内由输入序列所产生的响应序列的数值解,但该函数将输入向量以外的输入序列均视为零,这样若输入序列为时间无限长序列,则用 filter( ) 函数计算系统响应时在输出序列的边界样点上,将会产生一定偏差。若输入序列为单位阶跃序列,则可求出离散系统的阶跃响应。而调用 impz( ) 函数则可求出离散系统的单位响应。

3.4.3　实验内容

1. 描述连续系统的微分方程为
$$y''(t) + 2y'(t) + y(t) = f'(t) + 2f(t)$$
求该系统的冲击响应,阶跃响应,并求当输入信号为 $f(t) = e^{-2t}u(t)$ 时该系统的零状态响应。

2. 描述离散系统的差分方程为
$$y(k) - 0.25y(k-1) + 0.5y(k-2) = f(k) + f(k-1)$$
求该系统的单位响应,阶跃响应,及当 $f(k) = (\frac{1}{2})^k u(k)$ 时系统的零状态响应。

3.4.4　参考程序

1. 描述连续系统的微分方程为
$$y''(t) + 2y'(t) + y(t) = f'(t) + 2f(t)$$
求冲激响应的程序:

```
a=[1,2,1];
b=[1,2];
impulse(b,a);
%当 f(t)=e^{-2t}u(t)%
a=[1,2,1];
b=[1,2];
p=0.01;              %定义取样时间间隔
t=0:p:5;             %定义时间范围
x=exp(-2*t);         %定义输入信号
lsim(b,a,x,t);
```

求阶跃响应的程序：

a＝[1 2 1]；

b＝[1 2]；

step(b,a)；

2. 描述离散系统的差分方程为

$$y(k)-0.25y(k-1)+0.5y(k-2)=f(k)+f(k-1)$$

单位响应程序：

a＝[1,-0.25,0.5]；

b＝[1 1]；

t＝20；

impz(b,a,t)；

阶跃响应程序：

a＝[1 0.25 0.5]；

b＝[1 1]；

t＝0:20；

x＝ones(1,length(t))；

y＝filter(b,a,x)；

stem(t,y)；

当 $f(k)=(\dfrac{1}{2})^k u(k)$ 时系统的零状态响应程序：

a＝[1-0.25 0.5]；

b＝[1 1]；

t＝0:20；

x＝(1/2).^t；

y＝filter(b,a,x)；

subplot(2,1,1)；

stem(t,x)；

title('输入序列')；

subplot(2,1,2)；

stem(t,y)；

title('响应序列')；

3.4.5 实验报告要求

1. 简述实验原理。

2. 写出完成实验内容的自己编写的程序。

3. 写出程序运行时的参数。

4. 对结果做分析说明。

5. 心得体会。

3.4.6 仪器设备

PC 机一台。

3.5 求系统的零. 极点

3.5.1 实验目的

1. 利用 MATLAB 绘制连续系统零极点图,分析系统冲激响应 $h(t)$ 的时域特性,判断系统的稳定性。

2. 根据系统零极点分布绘制系统频率响应曲线程序,分析系统的零极点对频率响应曲线的影响

3.5.2 实验原理

线性时不变连续系统可以用如下所示的线性常系数微分方程来描述

$$\sum_{i=0}^{N} a_i y^{(i)}(t) = \sum_{j=0}^{M} b_j f^{(j)}(t)$$

其中 $y(t)$ 为系统输出信号,$f(t)$ 为输入信号。

将上式进行拉普拉斯变换,则该连续系统的系统函数为

$$H(s) = \frac{Y(s)}{F(s)} = \frac{\sum_{j=0}^{M} b_j s^j}{\sum_{i=0}^{N} a_i s^i} = \frac{B(s)}{A(s)}$$

式中 $A(s)$ 和 $B(s)$ 分别是由微分方程系数决定的关于 s 的多项式,将上式因式分解后有

$$H(s) = C \frac{\prod_{j=1}^{M}(s - q_j)}{\prod_{i=1}^{N}(s - p_i)}$$

其中 C 为常数,$q_j(j = 1, 2, \cdots, M)$ 为系统函数 $H(s)$ 的 M 个零点,$p_i(i = 1, 2, \cdots N)$ 为 $H(s)$ 的 N 个极点。

可见,若连续系统的系统函数的零、极点已知,系统函数便可确定下来,即系统函数的零极点的分布完全决定了系统的特性。

通过对系统函数零极点的分析,可以分析连续系统冲激响应的时域特性,判断系统稳定性,分析系统频率特性。

3.5.3 实验内容

系统函数为
$$H(s) = \frac{s^2 + 3s + 2}{8s^4 + 2s^3 + 3s^2 + s + 5}$$

1. 用绘制连续系统零极点图程序画出系统的零极点分布图,并判断系统是否稳

定,然后画出系统的冲激响应图,验证根据零极点分布图做出的判断是否正确。

2. 用绘制系统频率响应曲线程序画出该系统的幅频响应曲线,分析该系统的幅频特性,以及零极点对幅频特性的影响。

3. 函数调用格式参考:

(1) 绘制零极点图

a=[8 2 3 1 5];

b=[1 3 2];

sjdt(a,b)

(2) 绘制冲激响应曲线

impulse(b,a,20)

(3) 绘制幅频响应曲线

p=roots(a);

p=p';

q=roots(b);

q=q';

f1==0;

f2=5;

k=0.01;

splxy(f1,f2,k,p,q)

试用以上介绍的方法对下面所描述的系统进行分析。

① $F(s)=\dfrac{s^2-4}{s^4+2s^3-3s^2+2s+1}$

② $F(s)=\dfrac{5s(s^2+4s+5)}{s^3+5s^2+16s+30}$

3.5.4 参考程序

```
function[p,q]=sjdt(A,B)
```
%绘制连续系统零极点图程序

%A:系统函数分母多项式系数向量

%B:系统函数分子多项式系数向量

%p:函数返回的系统函数极点位置行向量

%q:函数返回的系统函数零点位置行向量

p=roots(A);

q=roots(B);

p=p';   %将极点列向量转置为行向量

q=q';   %将零点列向量转置为行向量

x=max(abs([p,q]));   %确定纵坐标范围

x=x+0.1;

```
y=x;                    %确定横坐标范围
clf
hold on
axis([-x,x,-y,y]);      %确定坐标轴显示范围
axis('square')
plot([-x,x],[0,0])
plot([0,0],[-y,y])
plot(real(p),imag(p),'x')
plot(real(q),imag(q),'o')
title('连续系统零极点图')
text(0.2,x-0.2,'虚轴')
text(y-0.2,0.2,'实轴')
function splxy(f1,f2,k,p,q)
%根据系统零极点分布绘制系统频率响应曲线程序
%f1,f2:绘制频率响应曲线的频率范围
%p,q:系统函数极点和零点位置行向量
%k:绘制频率响应曲线的频率取样间隔
p=p';
q=q';
f=f1:k:f2;
w=f*(2*pi);
y=i*w;
n=length(p);
m=length(q);
if n==0
    yq=ones(m,1)*y;
    vq=yq-q*ones(1,length(w));
    bj=abs(vq);
    ai=1;
elseif m==0
    yp=ones(n,1)*y;
    vp=yp-p*ones(1,length(w));
    ai=abs(vp);
    bj=1;
else
    yp=ones(n,1)*y;
    yq=ones(m,1)*y;
    vp=yp-p*ones(1,length(w));
```

```
        vq＝yq－q＊ones(1,length(w));
        ai＝abs(vp);
        bj＝abs(vq);
end
Hw＝prod(bj,1)./prod(ai,1);
plot(f,Hw);
title('连续系统幅频响应曲线')
xlabel('频率 w(单位:赫兹)')
ylabel('F(jw)')
```

3.5.5　实验报告要求

1. 简述实验原理。
2. 写出完成实验内容的自己编写的程序.。
3. 写出程序运行时的参数。
4. 对结果做分析说明。
5. 心得体会。

3.5.6　仪器设备

PC 机一台。

3.6　线性系统的三种不同方式之间的转换

3.6.1　实验目的

应用 MATLAB 软件实现描述线性系统的三种不同方式之间的转换,加强对系统特性的理解,加强对三种描述方式之间关系的理解。

3.6.2　实验原理及说明

对于连续线性时不变系统,它用常系数微分方程来描述,经过拉氏变换,对于单输入输出系统,其传递函数一般是两个多项式之比,即有

$$H(s)=\frac{num(s)}{den(s)}=\frac{s^m+b_{m-1}s^{m-1}+\cdots+b_0}{s^n+a_{n-1}s^{n-1}+\cdots+a_0}$$

也可以表示成零极点的形式

$$H(s)=k\frac{(s-z_1)(s-z_2)\cdots(s-z_m)}{(s-p_1)(s-p_2)\cdots(s-p_m)}$$

当然,也可以用状态变量法表示为

$$\dot{x}=Ax+Bu$$

的标准形式。

在 MATLAB 中,描述系统的传递函数型 tf(transfer function)、零极点型 zp(zero pole)以及状态空间型 ss(state space)三种方式可方便地转换,即如图 3.6 - 1 所示。

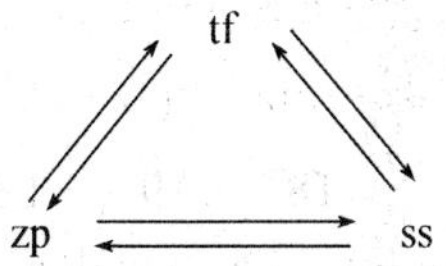

图 3.6 - 1 连续时不变系统的描述方式转换

MATLAB 中相应的句型为:

ft2zp——传递函数型转换到零极点型

tf2ss——传递函数型转换到状态空间型

zp2tf——零极点型转换到传递函数型

zp2ss——零极点型转换到状态空间型

ss2tf——状态空间型转换到传递函数型

ss2zp——状态空间型转换到零极点型

上述六种句型中的"2"表示"to(到)"的意思。

例 3.6 - 1 已知系统的传递函数为 $H(s) = \dfrac{2S+10}{s^3+8s^2+19s+12}$,将其转换为零极点型。

相应的 MATLAB 语句为:

num＝[2 10]; den＝[1 8 19 12];(即送分子、分母多项式的系数)

printsys(num, den, 's') 回车(打印出系统函数,即由 s 表示的分子分母多项式)

则屏幕显示:

$$\frac{2s+10}{s\hat{\ }3+8s\hat{\ }2+19s+2}$$

若输入下列语句:

[z,p,k]＝tf2zp(num,den) 回车

即显示:

z＝

 - 5

p＝

 - 4.0000

 - 3.0000

 - 1.0000

k＝

 2

这就表示了 $H(s)$ 由传递函数型转换到零极点型,即:

$$H(s) = \frac{2(s+5)}{(s+1)(s+3)(s+4)}$$

例 3.6 - 2 已知传递函数同上,试将其转换为状态变量型。

相应的 MATLAB 语句为:

[num]＝[2 10]; den＝[1 8 19 12];

[a,b,c,d]=tf2ss(num,den)　回车

则显示：

a=

-18　-19　-12

1　0　0

0　1　0

b=

1

0

0

c=

0　2　10

d=

0

即对应的状态方程为：

$$\dot{x}=Ax+Bu, y=Cx+Du$$

式中 A,B,C,D 对应于程序中的 a,b,c,d。

例 3.6-3　已知系统的零极点型传递函数为 $H(s)=\dfrac{2(s+1)}{(s+2)(s+3)(s+4)}$ 试将其转换为传递函数型。

这时可输入下列 MATLAB 语句：

z=-1;p=[-2　-3　-4];　k=2;　　（回车）

[num,den]=zp2tf(-1,[-2　-3　-4],2)　（回车）

即显示：

num=

0　0　2　2

den=

1　9　26　24

若输入　printsys(num,den,'s')　　　（回车）

则得直观的传递函数表达式：

$$H(s)=\frac{2s+2}{s\hat{}3+9s\hat{}2+26s+24}$$

例 3.6-4　将上述系统函数的零极点型表达式,转换为状态空间型表达式。

MATLAB 语句为

z=-1;p=[-2　-3　-4];k=2;　　　（回车）

[a,b,c,d]=zp2ss(z,p,k)　　　（回车）

a=

-2.0000　　　0　　　0

```
       -1.0000  -7.0000  -3.4614
            0       3.4614        0
    b=
       1
       1
       0
    c=
       0    0    0.5774
    d=
       0
```

另一种求法,可如下进行:

z=-1;p=[-2 -3 -4];k=2;   (回车)

[num,den]=zp2tf(z,p,k)   (回车)

[a1,b1,c1,d1]=tf2ss(num,den)   (回车)

即显示:

```
          -9   -26   -24
    a1= 1    0     0
          0    1     0
    b1=
       1
       0
       0
    c1=
       0    2    2
    d1=
       0
```

这说明传递函数转换到状态空间的形式不是唯一的,用两种方法将获得两种不同的表达式。

3.6.3 预习内容

学习 MATLAB 中相关函数的调用方式。

3.6.4 实验内容

1. 将以上四题应用 MATLAB 软件实现,体会所用到的 MATLAB 的句型与函数表达式的涵义与用法。

2. 已知某系统的状态方程的系数矩阵为 A,B,C,D,用下列 MATLAB 语句送入相应的参数:

a=[0 1;-2 -3];

b=[1 0;1 1];

c=[1 0;1 1;0 2];

d=[0 0;1 0;0 1];

(1) 试将其转换为零极点型。

(2) 将所给系统转换为传递函数型。

3.6.5 实验报告要求

1. 简述实验原理。

2. 写出以上四题中所有用到的 MATLAB 函数的句型。

3. 写出实验内容 2 的实现过程并打印出结果。

3.7 信号通过线性系统

3.7.1 实验目的

1. 观察信号通过低通滤波器后的信号波形的变化。

2. 观察非正弦信号通过全通网络的波形失真。

3. 研究线性系统的频率特性对信号传输的影响。

3.7.2 实验原理

信号通过线性系统时,由于系统中存在储能元件,系统的响应波形与激励波形一般是不同的,这就是系统的作用而使信号产生了失真。

从时域来看,信号通过线性系统时,原有波形的形状发生了变化,成为新的波形。从频域来看,信号通过系统时,原有频谱的结构发生了变化,形成了新的频谱。

在实际应用中,往往利用系统进行波形变换,这时失真是我们所需要的。可是在许多情况下,则希望信号通过线性系统的传输尽可能不失真。

信号不失真传输,就是响应信号的波形与激励信号的波形相比,只有幅度大小和出现时间的先后不同,响应信号的波形和激励信号波形的形状完全相同。各点的瞬时值可以相差一个比例常数,同时通过系统的信号不可避免地要发生时延,时延也必须是常数。设激励信号为 $e(t)$,响应信号为 $r(t)$,无失真传输的条件为

$$r(t)=ke(t-t_0)$$

式中,k 为波形幅度变化的比例常数,而 t_0 是信号通过系统后的延迟时间。激励与响应的波形如图 3.7-1 所示。

对上式进行傅里叶变换,根据时移特性可得

$$R(j\omega)=KE(j\omega)e^{-j\omega t}$$

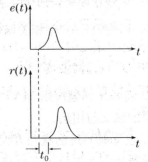

图 3.7-1 信号通过系统后的延迟时间

由于

$$R(j\omega) = E(j\omega)H(j\omega)$$

所以要求系统的频率响应函数为

$$H(j\omega) = |H(j\omega)|e^{j\varphi(\omega)} = Ke^{j\omega t}$$

这就是说，为了实现不失真传输，系统频率响应函数 $H(j\omega)$ 必须具有上式的形式。上式就是对系统频率特性提出的无失真传输条件，它说明系统函数的模量 $|H(j\omega)| = K$ 为一常数，而其幅角 $\varphi(\omega) = -\omega t_0$。

显然，从系统频域特性的观点来看，无失真传输要求系统传输函数（系统频率响应函数）的幅频特性是一个与频率无关的常数"K"；相频特性则是与频率成正比的、通过原点的直线，其斜率为"$-t_0$"。

如果幅频特性 $|H(j\omega)|$ 为一常数，和激励的频谱相比，响应中各频率分量的幅度 $|R(j\omega)| = K \cdot |E(j\omega)|$ 的相对大小没有变化，所以不产生幅度失真。在保证无幅度失真的前提下，为了满足无失真相位传输的条件，必须使响应中各频率分量的时移相同，即都等于 t_0。如果各频率分量通过系统后的时移不同，信号将产生相位失真。

为了达到无失真传输的要求，在理论上则要求系统具有无限大的带宽，但是实际上不可能构成这样的系统，实际系统总具有一定的带宽。对于任何物理信号，信号有效带宽是有限的，所以实际系统只要带宽足够大，就可以获得满意的无失真传输。低通滤波器通常被用来传输脉冲信号。滤波器通频带越宽，则输出响应的失真就越小。可见，线性系统的带宽如果与信号的带宽相适应，就能使失真定在允许范围内。

本实验将观察方波与非正弦周期波通过相应的线性系统的响应波形，了解线性系统频率特性对信号传输的影响。

3.7.3　实验仪器

1. 数字信号发生器　一台
2. 函数信号发生器　一台
3. 存储示波器　一台
4. 面包板及有关元件　一套

3.7.4　实验内容

1. 观察周期矩形脉冲通过 LC 低通滤波器的响应波形

① 函数发生器输出正弦信号（内阻为 600 Ω，幅度不变，工作频率在 50 kHz～2 MHz 范围内变化）作用于 LC 低通滤波器（图 3.7 - 2）输入端，滤波器输出端接示波器（或毫伏表），测量出低通滤波器的截止频率。

② 使信号发生器输出频率分别为 10 kHz、100 kHz、600 kHz 的方波信号，加图 3.7 - 2 低通滤波器的输入端，用示波器或 DSO2100 虚拟储存示波器在低通滤波器的输出端，观察并

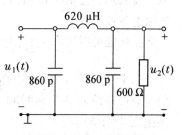

图 3.7 - 2　LC 低通滤波器

记录各信号的响应波形与对应的频谱,分析各响应波形产生的原因。

2. 观察非正弦信号通过全通网络的响应波形

① 全通网络如图 3.7 - 3 所示。使信号发生器输出正弦信号(内阻为 600 Ω,信号频率可,加在全通网络的输入端,用双踪示波器测试该全通网络频率特性(测试方法可参看实验 3.1)。

② 然输入非正弦信号(基波分量为 20 kHz,谐波分量为 60 KHz,两个正弦波进行迭加的信号,该非正弦信号可按图 3.7 - 4 接线),用示波器或 DSO2100 虚拟储存示波器观察并记录响应波形与频谱。

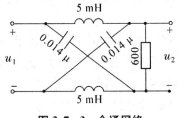

图 3.7 - 3 全通网络

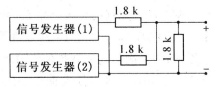

图 3.7 - 4 两个正弦波迭加电路

3.7.5 预习内容

1. 复习有关信号不失真传输的内容。
2. 复习有关信号频谱与低通滤波器特性的内容。

3.7.6 思考题

1. 由低通滤波器对不同频率的方波信号的响应,说明低通滤波器的幅频特性对传输信号的影响,怎样减少这种影响?
2. 根据全通网络的实验结果,说明对非正弦信号传输产生失真的原因。

3.7.7 实验报告要求

1. 整理好实验中记录的波形。
2. 根据实验中各步骤记录的波形回答以上思考题,并得出必要的结论。
3. 心得体会。

3.7.8 说明

该实验也可以用 EWB 来做,比较一下用两种方法所做结果的异同处。

3.8 调幅信号通过振荡回路

3.8.1 实验目的

1. 研究调幅电压作用在串联回路上的电流电压波形。

2. 实际测试波形来计算调幅信号的调幅度及频带宽度和 Q 值。

3. 研究调制系数 M 与调制频率 F 和 Q 值的关系。

3.8.2　实验原理

在无线电通讯中,可用高频的正弦调幅来传递信息。所谓正弦调幅波,可用下式表示:

$$u(t)=U_C[1+M\cos(\Omega t+\Phi)]\cos(\omega_0 t+\varphi)$$

式中:U_C 是角频率为 ω_0 的载波的幅度;

　　M 为调制系数;

　　Ω 为调制信号的角频率;

　　Φ 和 φ 是初相角。

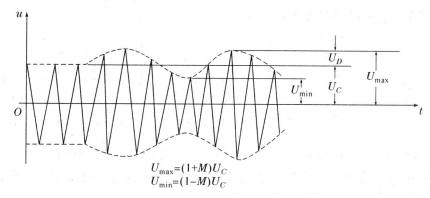

$$U_{max}=(1+M)U_C$$
$$U_{min}=(1-M)U_C$$

图 3.8 - 1　调幅波波形

由上式可推出:

$$u(t)=U_0[1+M\cos(\Omega t+\Phi)]\cos(\omega_0 t+\varphi)$$
$$=U_C\cos(\omega_0 t+\varphi)+\frac{MU_C}{2}\cos[(\omega_0+\Omega)t+(\varphi+\Phi)]+\frac{MU_C}{2}$$
$$\cos[(\omega_0-\Omega)t+(\varphi-\Phi)]$$

从式中可看出:一正弦调制的调幅电压的波形可用三个正弦信号表示。振荡频率为 ω_0 的分量叫做载频,它与调制信号无关。频率为 $(\omega_0+\Omega)$ 及 $(\omega_0-\Omega)$ 的分量叫做旁频,与调制信号有关,即与 M 与 Ω 有关。我们把上述电压 u 加在图 3.8 - 2 的串联振荡回路中,则回路的阻抗对于三种频率的反映不一样,因而回路电流波形将与输入电压波形不一致。

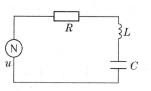

图 3.8 - 2　调幅信号加于串联电路

回路电流

$$i=\frac{U_C}{R}\left[1+\frac{M_1}{\sqrt{1+Q^2\left(\frac{2\Omega}{\omega_0}\right)^2}}\cos(\Omega t+\varphi-\beta)\right]\cdot\cos(\omega_0 t+\varphi)$$

式中:$\beta=\mathrm{arctg}\,Q\dfrac{2\Omega}{\omega_0}$,为振荡回路的谐振频率与载频相同时,回路电流幅度的相移角。

从上式可看出,回路电流的调制系数 M_1 比输入调制系数 M 小 $\dfrac{M_1}{\sqrt{1+Q^2\left(\dfrac{2\Omega}{\omega_0}\right)^2}}$ 倍,

即 $M > M_1$。

若回路的品质因数 Q 越低(通频带越宽)或与 ω_0 相比时,调制频率越低(调幅波的频谱越窄)则回路电流的调制系数 $M_1 = \dfrac{M}{\sqrt{1 + Q^2 \left(\dfrac{2\Omega}{\omega_0}\right)^2}}$,与输入电压调制系数 M 的差别就越小,但上述情况只在回路的谐振频率与载波频率相同的情况下才有这样的变化。若谐振频率与载波频率不相等的情况下,上述情况是不适用的。

3.8.3　实验线路与测试方框图

本实验振荡回路为 RLC 串联组成,由于 $Q = \dfrac{\rho}{R}$,所以改变回路电阻 R 值,则回路的 Q 值也就随之变化,其线路如图 3.8-3 所示。

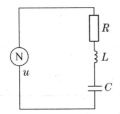

图 3.8-3　串联振荡回路

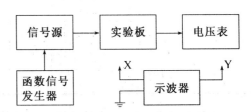

图 3.8-4　测试方块图

测试方块图如图 3.8-4 所示,调制系数 M_1 的测量,可从示波器上所示的波形算出,如图 3.8-5 或 3.8-6 所示。

其调制系数 M_1 的计算可按公式

$$M_1 = \frac{A - B}{A + B} \times 100\%$$

从上式可知,调制系数 M 的值无论在什么情况下都是小于 1 的。

图 3.8-5 波形的测试是用通常的使用方法获得的,即是示波器"Y 轴输入"经电缆探头接被测点,而"X 轴输入"位置置于"扫描"处。

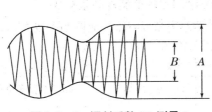

图 3.8-5　调制系数 M_1 测量 1

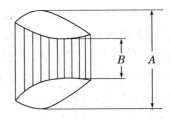

图 3.8-6　调制系数 M_1 测量 2

图 3.8-6 波形的测试方法是示波器"Y 轴输入"经电缆探头接被测点,"X 轴选择"则是置于衰减器"100"位置上,同时用函数信号发生器输出接示波器"X 轴输入"从而测得如图 3.8-6 的波形,后者一般称之为"梯形图法"。

3.8.4　实验步骤

1. 在回路中的电阻 R 为一个不同阻值时,即分别当 $R_1 = 5.1\ \Omega$,$R_2 = 220\ \Omega$ 时,测

试回路中的电流谐振特性曲线。

① 载频信号源为等幅输出,输出电压 $u=0.5$ V,用函数信号发生器的输出接载频信号源的"外调幅输入",此时 SP1641D 函数信号发生器输出 $F=1\,000$ Hz,使 F05 的调制系数为 $M=30\%$,并保持不变。

② R 处接 $5.1\,\Omega$ 电阻,电压表接电容器两端。

③ F05 信号发生器频率置于 $f_0=950$ kHz 处,调实验板回路电感线圈磁芯,使输出最大。

④ 降低和增大 F05 信号源频率,使输出电压减小到谐振时最大值的 0.7,将此频率变化 $\pm\Delta f_{0.7}$ 填入表 3.8-1 中。

表 3.8-1

电阻 R		$5.1\,\Omega$	$220\,\Omega$
	$-\Delta f_{0.7}$(kHz)		
	f_0(kHz)		
	$+\Delta f_{0.7}$(kHz)		
$Q=f_0/2\Delta f_{0.7}$			

⑤ 电阻 R 换上 $220\,\Omega$,重复上述步骤,将测试 $\pm\Delta f_{0.7}$ 填入表 3.8-1 中。

⑥ 对不同 R 的测试值,分别算出回路的品质因数 Q

$$Q=f_0/2\Delta f_{0.7}$$

2. 测绘回路中电流调制系数 M_1 与输入电压调制系数 M 的比值 M_1/M 与回路品质因数的关系曲线。

① 根据实验 1,在 R 处分别接入 R_1R_2 即 $5.1\,\Omega$ 和 $220\,\Omega$ 时,已测得回路的品质因数 Q_1Q_2 填入表 3.8-2 中。

② 函数信号发生器产生调制频率 $F=5\,000$ Hz,载频信号源输出电压 $u=1$ V,并保持其入电压的调制系数 $M=50\%$。

③ 在电阻 $R_1=5.1\,\Omega$ 两端,用示波器测量回路的电流调制系数 M_1。

④ 在电阻 R 处,换上 $R_2=220\,\Omega$ 用上述方法测量回路电流调制系数 M_1,并填入表 3.8-2 中。

表 3.8-2

电阻 R		$5.1\,\Omega$	$220\,\Omega$
品质因数 Q			
测量数据	M_1		
	M_1/M		
计算数据	M_1		
	M_1/M		

3. 根据上面实验结果,采用回路品质因数最大值(即 $R=5.1\,\Omega$)时,绘制调制系数比 M_1/M 与调制频率 F 的关系曲线:

① 高频信号源输出电压 $u=1$ V,并保持其输入电压的调制系数 $M=50\%$(同理,其实际值是上述示波器所测得的值)。

② 在电阻处,用示波器测量回路的电流调制系数 M_1。

③ 改变函数信号发生器的调制频率:从 $F=1\,000\sim20\,000$ Hz 取其中三点即 $1\,000$ Hz、$5\,000$ Hz、$10\,000$ Hz,记下相应的回路电流调制系数 M_1,并填入表 3.8-3 中。

④ 据公式计算相似的关系曲线,并与实验结果进行比较。

表 3.8-3

Q(最大)				
M				
F(Hz)		1 000	5 000	10 000
测量数据	M_1			
	M_1/M			
计算数据	M_1			
	M_1/M			

3.8.5 实验报告内容

1. 简述实验原理。

2. 作出回路电路电流调制系数 M_1 与输入电压调制系数 M 的比值 M_1/M 与回路品质因数 Q 的关系曲线。

3. 作出调制系数比 M_1/M 与调制频率 F 的关系曲线。

4. 写出上述实验结果的分析和并讨论。

3.9 抽样定理实验

3.9.1 实验目的

1. 通过实验,了解抽样过程,验证抽样定理。

2. 通过设计抽样定理的实现电路,提高设计实验方案、选择实验电路的能力。

3. 观察正弦波、方波、三角波的抽样和恢复的时域波形与频谱,研究信号抽样、还原的全过程。

4. 观察不满足奈奎斯特抽样率而产生频谱交混在时域中的反映。

3.9.2 实验原理

1. 对一个连续信号以一定的时间间隔进行抽取,抽取的结果使一个连续信号变成为一个离散信号。这个过程就是抽样。

2. 离散时间信号可以由离散信号源获得,也可以从连续信号抽样获得,在本实验中可以采用第二种方法。抽样信号 $f_s(t)$ 可以看成连续信号 $f(t)$ 和一组开关函数 $S(t)$ 的乘积。即:

$$f_s(t) = f(t) \cdot S(t)$$

开关函数 $S(t)$，实际上是一组等幅的周期性窄脉冲，其重复周期为 T_s，频率为 $f_s = \dfrac{1}{T_s}$，称为"抽样频率"，也可以用 ω_s 表示，如图 3.9-1 所示。

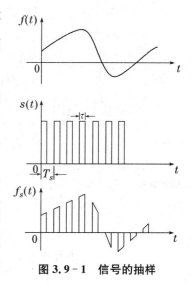

对抽样信号 $f_s(t)$ 进行傅里叶分析，可以获得抽样信号的频谱。可以证明，抽样信号的频谱包含了原信号的频谱和无限多个经过平移的原信号的频谱。平移的频率间隔为 f_s，及其谐波频率 f_s、$2f_s$、$3f_s$、…。当抽样信号是周期性窄脉冲时，平移后的频谱的幅度按 $\dfrac{\sin x}{x}$ 的规律衰减。因此抽样信号频谱是原信号频谱的周期延拓。由此，用一个截止频率为原信号频率中最高频率 ω_m 的理想低通滤波器，将高于原信号的频率分量滤除，通过滤波器的频谱，就包含了原信号频谱的全部内容。

图 3.9-1　信号的抽样

3. 抽样定理简述

在信号抽样过程中，若被抽样信号 $f(t)$ 是频带有限的信号，用 ω_m 表示其最高频率，抽样脉冲信号 $S(t)$ 的频率用 ω_s 表示，

当满足 $\omega_s \geqslant 2\omega_m$ 条件下，则抽样信号 $f_s(t)$ 包含了 $f(t)$ 的全部信息。

$\omega_s \geqslant 2\omega_m$ 也称为奈奎斯特抽样率。

满足 $\omega_s \geqslant 2\omega_m$ 的条件的抽样信号 $f_s(t)$ 通过低通滤波器可以将 $f(t)$ 还原。

4. 抽样实验板方块如图 3.9-2 所示。

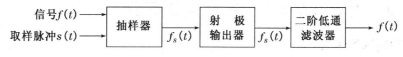

图 3.9-2　抽样定理实验实现方框图

抽样信号 $f_s(t)$ 的产生是由抽样器完成的，该抽样器可以采用一个由晶体三极管构成的开关电路，在其集电极接上周期性的连续波信号 $f(t)$，如正弦波、方波、三角波等信号，在其基极接入负极性的脉冲信号 $s(t)$，用来控制该管的导通或截止状态。每隔时间 T 接通输入信号和接地各一次，接通时间为 τ，这样，抽样器输出信号 $f_s(t)$ 就只包含开关接通时间期间的输入信号 $f(t)$ 的一些小段，这些小段就是原输入信号的抽样。

根据奈奎斯特抽样定理，要重建原来信号的必要条件是抽样信号频谱中两相邻的主要部分不能互相混迭，否则即使使用了理想低通滤波器也无法滤波取出与原信号相同的频谱来。要使频谱中相邻组成部分不互相混迭，则其一是信号频谱的频宽有限，或者说信号中不包含有大于 ω_m 的频率分量，其二是抽样频率大于或至少等于原信号最高频率的两倍，即 $\omega_s \geqslant 2\omega_m$（$\omega_s$ 为抽样频率）。两倍信号所含最高频率 $2f_m = \dfrac{\omega_m}{\pi}$ 是最小抽样率。不过在实际使用中，仅包含有限频率的信号极少，因此，即使 $\omega_s \geqslant 2\omega_m$，恢复后的信号失真还是难免的。

抽样定理实验参考电路如图 3.9 - 3。

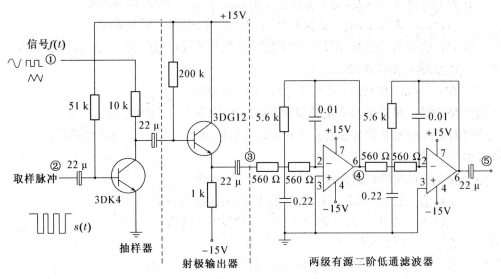

图 3.9 - 3　抽样定理实验参考原理图

图中的 3DK4.3DG12 可用 2N5551 代替。

3.9.3　实验仪器

1. 数字合成信号发生器　一台
2. 函数信号发生器　一台
3. 双踪示波器或数字储存示波器　一台
4. 元器件或抽样定理实验板　一套

3.9.4　实验内容

实验线路图如图 3.9 - 4。

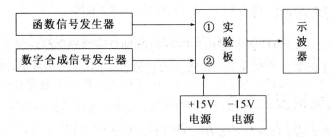

图 3.9 - 4　抽样定理实验框图

将电源电压调到 ±15 V,分下面三种情况,测试各端波形:

1. 在 $\omega_s > 2\omega_m$ 情况

① 使函数信号发生器产生频率为 200 Hz,幅度为 1.5 V(峰峰值)的信号。

② 使数字信号发生器产生频率为 10 kHz,脉冲宽度为 30 μs,峰峰值为 4 V 的负脉冲信号。

③ 按上面的实验框图连接。

④ $f(t)$ 选择为正弦波,记下实验板上①、②、③、④、⑤端波形与频谱。

⑤ $f(t)$ 选择为方波,记下实验板上①、②、③、④、⑤端波形与频谱。

⑥ $f(t)$ 选择为三角波,调数字合成信号发生器的脉冲宽度为 $50\,\mu s$,记下实验板上①、③、④、⑤端波形与频谱。

2. 在 $\omega_s = 2\omega_m$ 情况:

① 使函数信号发生器产生频率为 $1\,kHz$,幅度为 $1.5\,V$ 的信号。

② 使数字合成信号发生器产生频率的 $2\,kHz$,脉冲宽度为 $100\,\mu s$,峰峰值为 $4\,V$ 的负脉冲。

③ 按上面的实验线路图连接。

④ 选择为正弦波,记下实验板上①、④、⑤端波形与频谱。

⑤ 选择为方波,记下实验板上①、④、⑤端波形与频谱。

3. 在 $\omega_s < 2\omega_m$ 情况 。

① 将函数信号发生器的频率调到 $20\,kHz$,幅度为 $1.5\,V$。

② 将数字合成信号发生器的取样频率调到 $10\,kHz$,脉冲宽度为 $30\,\mu s$,极性开关选"负极性",幅度 $4\,V$。

③ 按上面的实验线路图连接。

④ $f(t)$ 选择三角波,记下实验板上①、⑤端波形与频谱。

⑤ $f(t)$ 选择方波,记下实验板上①、⑤端波形与频谱。

3.9.5   预习内容

1. 推导 $f_s(t)$ 的频谱函数。

2. 试设计抽样器单元电路和低通滤波器电路,用于抽样和还原。

3. 熟悉参考实验电路了解分析实验原理的工作过程。

4. 熟悉各仪器的使用。

3.9.6   思考题

1. 当 $\omega_s > 2\omega_m$ 时,为什么抽样信号中可以包含原信号的全部内容。

2. 在测试波形中,④端波形与⑤端波形有什么不同,试分析滤波器的作用。

3.9.7   实验报告要求

1. 简述实验原理,评价实验电路的实施情况与效果。

2. 将绘制的三种情况下的各条实验曲线与频谱,统一画到坐标纸上。

3. 分析各种情况下,各个波形的抽样、还原情况,得出结论。

4. 将正弦波和方波在 $\omega_s \geqslant 2\omega_m$ 情况下的①、③、⑤端波形及频谱进行比较,作出分析与结论。

3.10　应用 MATLAB 求卷积

3.10.1　实验目的

学会用 MATLAB 语言编程来计算卷积。

3.10.2　实验原理及说明

两个信号卷积的公式

$$f_1(t) * f_2(t) = \int_{-\infty}^{\infty} f_1(\tau) f_2(t-\tau) \mathrm{d}\tau$$

对于两个不规则波形的卷积,依靠手算是困难的,在 MATLAB 中则变得十分简单。

例 3.10-1　已知两个信号

$$f_1(t) = \varepsilon(t-1) - \varepsilon(t-2)$$
$$f_2(t) = \varepsilon(t-2) - \varepsilon(t-3)$$

试求

$$C(t) = f_1(t) * f_2(t)$$

此处 $\varepsilon(t-1) - \varepsilon(t-2)$, $\varepsilon(t-2) - \varepsilon(t-3)$,分别表示两个门函数。可利用下列相应的 MATLAB 程序计算:

```
t1=1:0.01:2;
f1=ones(size(t1).*(t1>1));%表示一个高度为 1 的门函数,时间从 t=1 到 t=2%
t2=2:0.01:3;
f2=ones(size(t2).*(t2>2));%表示另一个高度为 1 的门函数,时间从 t=2 到 t=3%
c=conv(f1,f2);%表示卷积%
t3=3:0.01:3;
subplot(3,1,1),plot(t1,f1);
subplot(3,1,2),plot(t2,f2);
subplot(3,1,3),plot(t3,c);
```

两个门函数卷积的结果如图 3.10-1 所示。

例 3.10-2　已知 $f_1(t) = t\varepsilon(t)$

$$f_2(t) = \begin{cases} t\mathrm{e}^{-1} & t \geqslant 0 \\ \mathrm{e}^t & t < 0 \end{cases}$$

试求卷积 $c(t) = f_1(t) * f_2(t)$,并给出其波形。

相应的 MATLAB 程序如下:

```
t1=0:0.01:1;
f1=t1.*(t1>0);
```

```
t2=-1:0.01:2;
f2=t2.*exp(-t2).*(t2>0)+exp(t2).*(t2<0);
c=conv(f1,f2)
t3=-1:0.01:3;
subplot(3,1,1),plot(t1,f1);
subplot(3,1,2),plot(t2,f2);
subplot(3,1,3),plot(t3,c);
```

其卷积结果如图 3.10－2 所示。

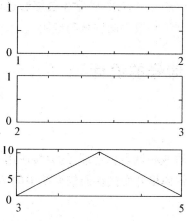

图 3.10－1　$c(t)=f_1(t)*f_2(t)$ 卷积的结果

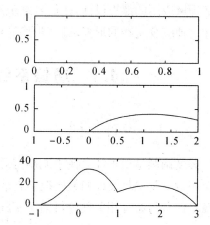

图 3.10－2　卷积 $c(t)=f_1(t)*f_2(t)$ 的波形

3.10.3　预习内容

学习 MATLAB 语言中有关编程的内容。

3.10.4　实验内容

1. 应用 MATLAB 软件实现以上两题的运算,体会编程过程。
2. 应用 MATLAB 软件实现两指数信号卷积的计算。

3.10.5　实验报告要求

1. 简述实验原理。
2. 简述实验方法。
3. 写出程序的设计与运行。
4. 打印自编的程序及运行结果一份。

第4章　信号与系统课程设计

信号与系统理论已广泛应用于通信、广播电视、自动控制、生物医学工程、经济等不同领域。通信系统中时分多路复用、频分复用、调制与解调等技术就直接应用了信号分析与系统分析基本理论。本章通过三个信号系统在通信领域应用的课程设计和一个在经济领域应用的课程设计，使信号系统理论与实际应用充分接触，使学生能够通过课程设计这种综合实践的形式，进一步加深对信号系统理论和概念的理解与应用。

4.1　通信系统中调制信号的设计

4.1.1　设计目的

幅度调制是傅里叶变换中调制定理（或频移性质或频域卷积定理）的直接应用。通过应用 MATLAB 设计相关模拟调制信号，深入理解傅里叶变换在通信系统中的应用，提高将信号与系统相关理论付诸于实践的能力。

4.1.2　设计原理

1. 调制的基本概念

在信息传输系统中由消息变换产生的基带信号（即信息信号）通常位于低频或较低的频带上，它们大多不适宜直接在信道（特别是无线信道）中传输，必须经过载波调制处理后才能进行传输。广义地说，调制是将信息信号变换成更有用形式的一种过程。就载波来说，调制是使载波的某个参数随信息信号变化的一个过程。

（1）调制的功能

① 利于信号辐射

通过调制技术将低频谱的信息信号的频谱搬移到较高的频率上，从而进行有效地辐射。

② 实现信道复用和频率分配

通常信道带宽远远大于信号的频带宽度，所以一个信道用来传送一个信号是不经济的。采用调制技术可以实现多个信号在一个信道中同时传输，即多路传输或多路复用，以提高信道频带的利用率。同时只有调制技术才能保证各电台工作在所分配的载频上。

③ 提高抗干扰性

信息传输系统抗干扰的能力是衡量系统性能优劣的一个重要标准。

（2）调制的分类

实现调制的一般原理框图如图 4.1-1 所示。

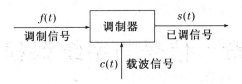

图 4.1-1　调制的一般框图

根据调制信号,即信息信号 $f(t)$ 和载波信号 $c(t)$ 的类型与调制器的传输函数不同,可将调制分类如下:

① 按调制信号是连续变化的模拟信号还是离散的数字信号分为模拟调制和数字调制。

② 按载波信号是连续波形还是脉冲波形分为连续波调制和脉冲调制。

③ 按被调制载波参数不同分为幅度调制、频率调制和相位调制。

④ 按调制器的传输函数不同分为线性调制和非线性调制。

需要指出的是,线性与非线性是指调制信号与已调信号的频谱结构而言的,并不是指它们之间的变换是否符合线性关系,因为任何一种调制都是一种非线性变换过程。

2. 标准调幅(AM)

（1）调幅信号时域表达式

如果输出已调信号的幅度与输入调制信号 $f(t)$ 呈线性对应关系,或载波的幅度在平均值处随调制信号线性变化,且载波是单频余弦信号时的调制,就称为标准调幅或一般调幅,简称调幅或幅度调制,记为 AM。调幅信号的形成如图 4.1-2。

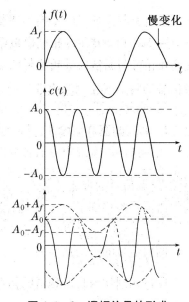

调幅信号的时域表达式可写成

$$s_{AM}(t)=[A_0+f(t)]\cos\omega_0 t \qquad (4-1)$$

式中, $f(t)=A_0\cos\omega_0 t$。

要使调幅信号的波形与 $[A_0+f(t)]$ 成线性比例变化,则应满足 $A_0\geqslant|f(t)|_{\max}$,否则将会出现过调制现象。

对于单音调制,有

图 4.1-2　调幅信号的形成

$$f(t)=A_f\cos\omega_f t, \quad |f(t)|_{\max}=A_f \qquad (4-2)$$

则

$$S_{AM}(t)=[A_0+A_f\cos\omega_f t]\cos\omega_0 t=A_0[1+(A_f/A_0)\cos\omega_f t]\cos\omega_0 t \qquad (4-3)$$

令

$$\beta_{AM}=A_f/A_0 \qquad (4-4)$$

称 β_{AM} 为调幅指数。不产生过调制的条件为

$$\beta_{AM}=A_f/A_0\leqslant 1 \qquad (4-5)$$

即在标准调幅时,调幅指数一定不大于1。

（2）调幅信号频谱

$$S_{AM}(t)=[A_0+f(t)]\cos\omega_0 t=A_0\cos\omega_0 t+f(t)\cos\omega_0 t \qquad (4-6)$$

设 $f(t) \leftrightarrow F(\omega)$，则 $S_{AM}(t) \leftrightarrow S_{AM}(\omega)$

$$S_{AM}(\omega) = \pi A_0 [\delta(\omega - \omega_0) + \delta(\omega + \omega_0)] + \frac{1}{2}[F(\omega - \omega_0) + F(\omega + \omega_0)] \quad (4-7)$$

其频谱如图 4.1-3 所示。

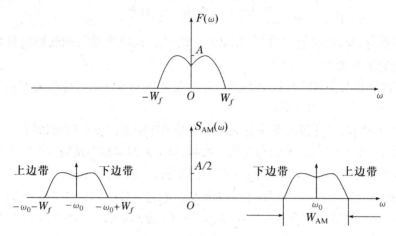

图 4.1-3 调幅信号频谱图

从图中可以看出，如果信息信号即基带信号的频带在 $-W_f \leqslant \omega \leqslant W_f$ 范围内，且 $\omega_0 > W_f$ 时，则调幅信号的频谱在 $\pm\omega_0$ 处有两个冲激函数，并且在 $\pm\omega_0$ 附近有两个与基带信号的频谱成比例的边带分量。对于正频域来说，高于 ω_0 的频谱部分叫做上边带，低于 ω_0 的频谱部分叫做下边带；对于负频域来说，上边带是低于 $-\omega_0$ 的部分，下边带是高于 $-\omega_0$ 的部分。因此，已调波信号的带宽为

$$W_{AM} = 2W_f \quad (4-8)$$

显然，已调信号的带宽是基带信号带宽的两倍。由于已调信号的频谱只是把基带信号的频谱位置搬移到了 $\pm\omega_0$ 处，而没有产生新的频谱成分，因此标准调幅属于线性调制。

（3）调幅信号的功率分配与调制效率

调幅信号的平均功率为

$$S_{AM} = \overline{S^2_{AM}(t)} = \frac{1}{2}\overline{[A_0 + f(t)]^2}$$

$$= \frac{1}{2}A_0^2 + \frac{1}{2}\lim_{T \to \infty}\int_{-T/2}^{T/2} 2A_0 f(t)\,dt + \frac{1}{2}\lim_{T \to \infty}\int_{-T/2}^{T/2} f^2(t)\,dt \quad (4-9)$$

可进一步化为

$$S_{AM} = A_0^2/2 + \overline{f^2(t)}/2 = S_c + S_f \quad (4-10)$$

式中 $S_c = A_0^2/2$ 是载波功率，$S_f = \overline{f^2(t)}/2$ 是边带功率。

所以说已调信号的平均功率由载波功率和边带功率两部分组成，而且只有边带功率才与调制信号有关（含有信息）。定义边带功率与总功率之比为调制效率，即

$$\eta_{AM} = S_f/S_{AM} = \frac{\overline{f^2(t)}/2}{A_0^2/2 + \overline{f^2(t)}/2} \quad (4-11)$$

在单音调制时，$f(t)=A_f\cos\omega_f t$，$\overline{f^2(t)}=A_f^2/2$，此时

$$\eta_{AM}=\frac{A_f^2}{2A_0^2+A_f^2}=\beta_{AM}^2/(2+\beta_{AM}^2) \tag{4-12}$$

所以在刚发生过调制的临界状态，即调幅指数 $\beta_{AM}=1$ 时，调制效率最大，这时，$\eta_{AM}=1/3$。由此可以看出在标准调幅信号中载波分量不携带信息，且占据了大部分功率，而真正携带信息的边带分量却只占据小部分功率，因此说标准调幅的调制效率较低，是这种调制的一个重大缺点。

3. 双边带调制(DSB)

（1）双边带调制的时域表达式及频谱

在标准调幅时，由于已调波中含有不携带信息的载波分量，故调制效率较低。为了提高调制效率，在标准调幅的基础上抑制掉载波分量，使总功率全包含在双边带中。这种调制方式称为抑制载波的双边带调制，简称双边带调制(DSB)。

使式(4-1)中的 $A_0=0$，就得到了双边带调制信号的时间表达式

$$S_{DSB}(t)=f(t)\cos\omega_0 t \tag{4-13}$$

实现双边带调制的原理如图 4.1-4 所示。

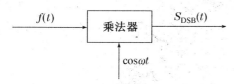

图 4.1-4　双边带调制原理框图

已调信号的频谱为

$$S_{DSB}=[F(\omega+\omega_0)+F(\omega-\omega_0)]/2 \tag{4-14}$$

双边带调制信号的时间波形如图 4.1-5 所示，频谱如图 4.1-6 所示。

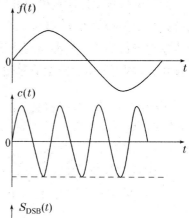

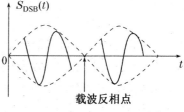

图 4.1-5　双边带调制信号波形

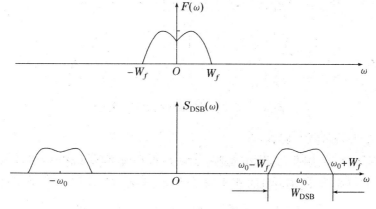

图 4.1-6　双边带信号频谱

由于 $S_c=0$，因此 $S_{DSB}=S_f$，$\eta_{DSB}=1$，故调制效率为 100%。

从频谱上可以看出

$$W_{DSB}=2W_f \qquad (4-15)$$

因此双边带信号的带宽仍然是基带信号带宽的两倍。

4. 单边带调制(SSB)

双边带调制虽然抑制了载波，提高了调制效率，但调制后的频带宽度仍是基带信号带宽的两倍，且上下边带是完全对称的，所携带信息完全相同。因此，从信息传输的角度来看，只用一个边带传输就可以了。我们把这种只传输一个边带的调制方式称为单边带抑制载波调制，简称单边带调制(SSB)。采用单边带调制，除了节省载波功率，还可以节省一半传输频带。

(1) 单边带信号的频域表示式及滤波法形成

由于单边带调制中只传送双边带信号的一个边带(上边带或下边带)，因此产生单边带信号的最简单方法，就是先产生双边带信号然后让它通过一个边带滤波器。这种产生单边带信号的方法称为滤波法，如图 4.1-7 所示。图中 $H_{SSB}(\omega)$ 是边带滤波器的传输函数，对于保留上边带的单边带调制来说，可取

$$H_{SSB}(\omega)=H_{USB}(\omega)=\begin{cases}1 & |\omega|>\omega_0 \\ 0 & |\omega|\leqslant\omega_0\end{cases} \qquad (4-16)$$

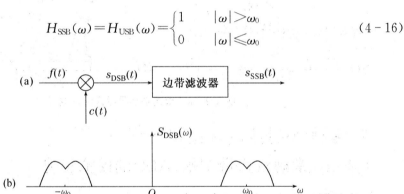

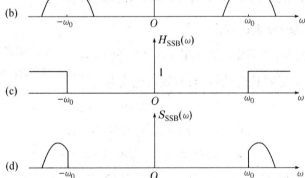

图 4.1-7 单边带信号的滤波法形成

(2) 单边带信号的时域表示

如果基带信号的频谱为 $F(\omega)$，如图 4.1-8(a)所示，则其解析信号的频谱为 $F_+(\omega)$ 和 $F_-(\omega)$。$F_+(\omega)$ 及 $F_-(\omega)$ 如图 4.1-8(b)、(c)所示。

所以有 $$S_{USB}(\omega)=[F_+(\omega-\omega_0)+F_-(\omega+\omega_0)]/4 \qquad (4-17)$$

$$S_{\text{LSB}}(\omega) = [F_+(\omega + \omega_0) + F_-(\omega - \omega_0)]/4 \qquad (4-18)$$

$S_{\text{USB}}(\omega)$ 和 $S_{\text{LSB}}(\omega)$ 如图 4.1-8(e)、(f) 所示。

从而得到上、下边带信号的时间表达式

$$S_{\text{USB}}(t) = [f(t)\cos\omega_0 t - \hat{f}(t)\sin\omega_0 t]/2 \qquad (4-19)$$

$$S_{\text{LSB}}(t) = [f(t)\cos\omega_0 t + \hat{f}(t)\sin\omega_0 t]/2 \qquad (4-20)$$

将式 (4-19)、(4-20) 合并为

$$S_{\text{SSB}}(t) = [f(t)\cos\omega_0 t \mp \hat{f}(t)\sin\omega_0 t]/2 \qquad (4-21)$$

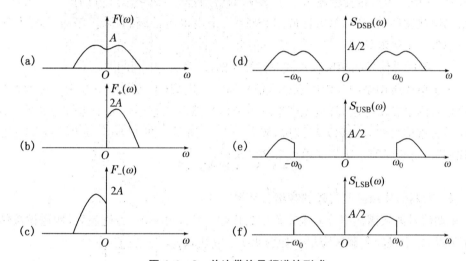

图 4.1-8 单边带信号频谱的形成

进一步我们可以得到
$$W_{\text{SSB}} = W_f \qquad (4-22)$$

4.1.3 常规双边带调幅(AM)的模拟实现

双边带调幅其时域表达式为

$$S_{\text{AM}}(t) = [A_0 + m_a f(t)]\cos(\omega_c t + \theta_c) \qquad (4-23)$$

例 4.1-1 一有限长度信号,其时域表达式为

$$S(t) = \begin{cases} t & 0 < t < t_0/4 \\ -t + t_0/2 & t_0/4 < t < 3t_0/4 \\ t - t_0 & 3t_0/4 < t < t_0 \end{cases}$$

将其调制在载波 $C(t) = \cos(2\pi f_c t)$ 上,假设 $t_0 = 0.5$ s,$f_c = 50$ Hz,调制系数为 $m_a = 0.8$。

求出已调信号的时域表达式及时域波形,未调信号和已调信号的频谱关系图,计算未调信号和已调信号的功率,在有噪声情况下假设信噪比为 10 dB 的噪声功率。

设计分析与运行结果如下:

(1) 已调制信号的时域表达式

$$M(t) = [1 + 0.8 S(t)/0.125]\cos 2\pi f_c t$$

图 4.1-9 表示的是三角脉冲信号、载波信号和已调制信号,可以看出已调信号的包络就是未调信号,所以可以用已调制信号的峰值进行解调。

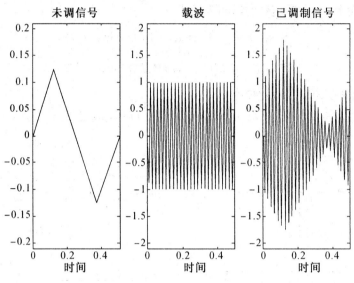

图 4.1-9 常规调幅波形

(2) 未调信号和已调信号的频谱关系图

未调信号的频谱频率分量主要集中在低频但直流并不多,经调制后,频谱被搬移到载频附近,并出现较多载频分量。如图 4.1-10 所示。

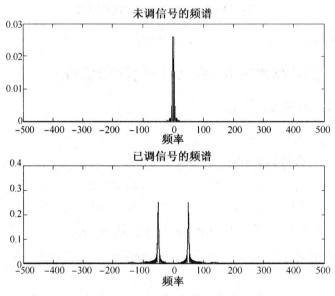

图 4.1-10 未调信号和已调信号频谱

(3) 未调信号和已调信号的功率计算

未调信号功率

$$P_s = \frac{1}{0.5}\left[\int_0^{0.125} t^2 \mathrm{d}t + \int_{0.125}^{0.375} (0.25-t)^2 \mathrm{d}t + \int_{0.375}^{0.5} (t-0.5)^2 \mathrm{d}t\right] = 0.005\,2$$

归一化功率为 $\qquad P_{s_n} = P_s / (0.125)^2 = 0.332\,7$

调制效率为 $\qquad \eta = \dfrac{a^2 P_{s_n}}{1 + a^2 P_{s_n}} = 0.175\,5$

可以看出常规调幅调制的效率是比较低的。

调制信号的功率为 $\qquad P_m = E[1 + am_n(t)]/2 = 0.607\,4$

（4）在给定的信噪比 10 dB 条件下，噪声功率为

$$P_n = \eta P_m / 10 = 0.010\,7$$

程序运行后，结果如图 4.1－11 所示。

图 4.1－11　运行数据结果

图 4.1－12 为噪声和叠加了噪声的已调制信号的时域波形。

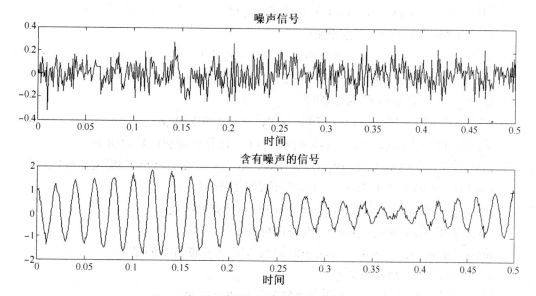

图 4.1－12　噪声和含噪声的已调信号的波形

（5）MATLAB 实现 AM 程序

```
% amodulate. m
df＝0.2;%频率分辨率
t0＝0.5;%定义 t0 信号的持续时间的值
tz＝0.001;%定义采样时间
fc＝50;%定义载波频率
snr＝10;%定义信噪比,用 dB 表示
a＝0.8;%定义调制系数
snr_lin＝10^(snr/10);%信噪比的数值
fz＝1/tz;%定义采样频率
t＝0:tz:t0;%定义采样点数据
m＝zeros(1,501);%定义信号
for i＝1:1:125
    m(i)＝i;
end
for i＝126:1:375
    m(i)＝m(125)-i+125;
end
for i＝376:1:501
    m(i)＝m(375)+i-375;
end
m＝m/1000;
c＝cos(2 * pi * fc. * t);%载波信号
m_n＝m/max(abs(m));
[M,m,df1]＝fftseq(m,tz,df);%傅里叶变换
M＝M/fz;%频率缩放,便于作图
u＝(1+a * m_n). * c;%将调制信号调制在载波上
[U,u,df1]＝fftseq(u,tz,df);%对已调制信号做傅里叶变换
U＝U/fz;%频率缩放,便于作图
f＝[0:df1:df1 * (length(m)-1)]-fz/2;%定义频率向量
signal_power＝ampower(u(1:length(t)))%计算已调制信号的功率
pmn＝ampower(m(1:length(t)))/(max(abs(m)))^2 %计算未调制信号的功率
eta＝(a^2 * pmn)/(1+a^2 * pmn)%计算调制效率
noise_power＝eta * signal_power/snr_lin%计算噪声功率
noise_std＝sqrt(noise_power)%噪声标准差
noise＝noise_std * randn(1,length(u));%产生高斯分布的噪声
r＝u+noise;%总接收信号
[R,r,df1]＝fftseq(r,tz,df);%总接收信号傅里叶变换
```

R＝R/fz;％频率缩放

noise＝noise_std * randn(1,length(u));

r＝u＋noise;

[R,r,df1]＝fftseq(r,tz,df);

R＝R/fz;pause

subplot(1,3,1);plot(t,m(1:length(t)));

axis([0,0.5,-0.21,0.21]);xlabel('时间');title('未调信号');

subplot(1,3,2);plot(t,c(1:length(t)));

axis([0,0.5,-2.1,2.1]);xlabel('时间');title('载波');

subplot(1,3,3);plot(t,u(1:length(t)));

axis([0,0.5,-2.1,2.1]); xlabel('时间');title('已调制信号');pause

subplot(2,1,1); plot(f,abs(fftshift(M)));

xlabel('频率'); title('未调信号的频谱');

subplot(2,1,2);plot(f,abs(fftshift(U)));

title('已调信号的频谱'); xlabel('频率'); pause

subplot(3,1,1);plot(t,noise(1:length(t)));

title('噪声信号','Fontsize',7,'color','r'); xlabel('时间','Fontsize',7,'color','r');

subplot(3,1,2);plot(t,r(1:length(t)));

title('含有噪声的信号','Fontsize',7,'color','r'); xlabel('时间','Fontsize',7,
'color','r');

subplot(3,1,3); plot(f,abs(fftshift(R)));

title('含有噪声信号的频谱','Fontsize',7,'color','r') ; xlabel('频率',
'Fontsize',7,'color','r');

％＝＝＝＝＝＝＝＝＝＝＝＝＝＝＝＝＝＝＝＝＝＝＝＝＝＝＝＝＝％

function [M,m,df]＝fftseq(m,tz,df)

fz＝1/tz;

if nargin＝＝2 ％判断输入参数的个数是否符合要求

　　n1＝0;

else n1＝fz/df;％根据参数个数决定是否使用频率缩放

end

n2＝length(m);

n＝2^(max(nextpow2(n1),nextpow2(n2)));

M＝fft(m,n);％进行离散傅里叶变换

m＝[m,zeros(1,n-n2)];

df＝fz/n;

％＝＝＝＝＝＝＝＝＝＝＝＝＝＝＝＝＝＝＝＝＝＝＝＝＝＝＝＝＝＝＝％

function p＝ampower(x) ％此函数仅用于计算本例的信号功率

p＝(norm(x)^2)/length(x);％计算信号的能量

```
t0=0.5;
tz=0.001;
m=zeros(1,501);
for i=1:1:125 %计算第一段信号的功率
m(i)=i;
end
for i=126:1:375 %计算第二段信号的功率
m(i)=m(125)-i+125;
end
for i=376:1:501 %计算第三段信号的功率
m(i) =m(375)+i-375;
end
m=m/1000; %功率归一化
m_hat=imag(hilbert(m));
```

4.1.4 抑制载波双边带调幅(DSB)的模拟实现

抑制载波的双边带调幅其时域表达式为

$$S_{DSB}(t)=Af(t)\cos(\omega_c t+\theta_c) \tag{4-24}$$

例 4.1-2 一个未调制信号 $f(t)=\begin{cases} \sin c(200t) & |t| \leqslant t_0 \\ 0 & 其他 \end{cases}$

$t_0=2$ s,载波为 $\cos 2\pi f_c t$,$f_c=200$ Hz,用抑制载波调幅来调制信号,给出调制信号 $M(t)$ 波形,画出未调信号和调制信号的频谱。

① 调制信号 $M(t)=\begin{cases} \sin c(200t)\cos(400\pi t) & |t| \leqslant 2 \\ 0 & 其他 \end{cases}$

调制信号的波形如图 4.1-13 所示。

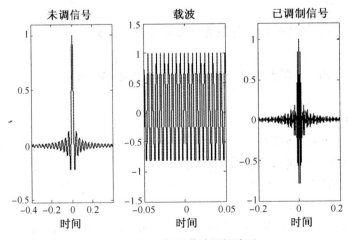

图 4.1-13 抑制载波调幅波形

② sin$c$ 函数的频谱应该是一个矩形波样的谱,但由于 $f(t)$ 只是 sin$c$ 函数的一段,并且在计算机上使用离散的数字来存储,因为计算精度的要求,使得频谱与矩形波形谱不完全一样。频谱图如图 4.1－14 所示。

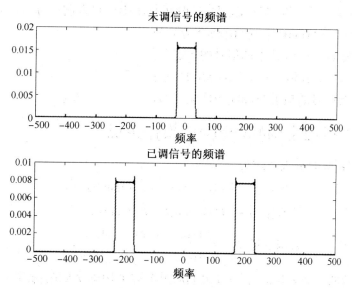

图 4.1－14　抑制载波调幅频谱

③ MATLAB 实现抑制载波调幅(DSB)程序如下:

```
%dsbmod.m
df=0.3;
t0=2;
tz=0.001;
fc=200;
fz=1/tz;
t=[-t0/2:tz:t0/2];
x=sin(200*t);
m=x./(200*t+eps);
m(1001)=1;
c=cos(2*pi*fc.*t);
u=m.*c;
[M,m,df1]=fftseq(m,tz,df);
M=M/fz;
[U,u,df1]=fftseq(u,tz,df);
U=U/fz;
f=[0:df1:df1*(length(m)-1)]-fz/2;pause
subplot(1,3,1);plot(t,m(1:length(t)));
axis([-0.4,0.4,-0.51,1.1]);xlabel('时间');title('未调信号');
```

```
subplot(1,3,2);plot(t,c(1:length(t)));
axis([-0.05,0.05,-1.5,1.5]);xlabel('时间');title('载波');
subplot(1,3,3);plot(t,u(1:length(t)));
axis([-0.2,0.2,-1,1.2]);xlabel('时间');title('已调制信号');pause
subplot(2,1,1);plot(f,abs(fftshift(M)));
xlabel('频率');title('未调信号的频谱');
subplot(2,1,2);plot(f,abs(fftshift(U)));
title('已调信号的频谱');xlabel('频率');
```

4.1.5　单边带调幅(SSB)的模拟实现

单边带调幅其时域表达式为

$$S_{USB}(t)=[f(t)\cos\omega_c t-\hat{f}(t)\sin\omega_c t]/2$$
$$S_{LSB}(t)=[f(t)\cos\omega_c t+\hat{f}(t)\sin\omega_c t]/2 \qquad (4-25)$$

例 4.1-3　一个未调信号 $f(t)=\begin{cases} \sin c(200t) & |t|\leqslant t_0 \\ 0 & 其他 \end{cases}$

$t_0=2$ s，载波为 $\cos 2\pi f_c t$，$f_c=100$ Hz，用单边带调幅来调制信号，给出调制信号 $M(t)$ 波形，画出未调信号和调制信号的频谱。

调制信号波形如图 4.1-15 所示，从时域波形可以看出单边带调幅波形的包络已经不能反映未调节信号的幅度了，所以只能采用相干解调方式。上下边带的调制波形区别不是很大，因为他们的频谱具有某种对称性。

变换前后频谱图如图 4.1-16 所示。

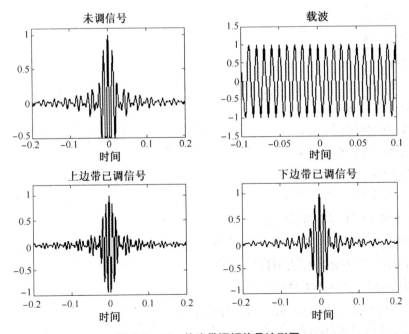

图 4.1-15　单边带调幅信号波形图

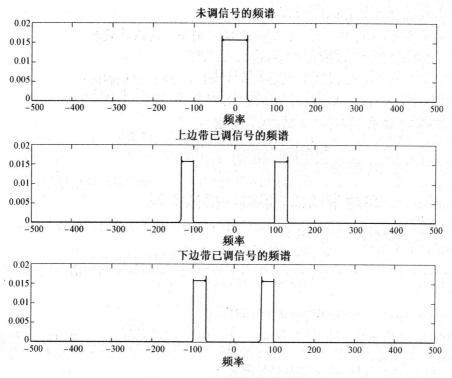

图 4.1－16   单边带调幅频谱图

MATLAB 实现单边带调幅（SSB）程序如下：

```
%ssbmod. m
df=0. 3;
t0=2;
tz=0. 001;
fc=100;
fz=1/tz;
t=[－t0/2:tz:t0/2];
x=sin(200 * t);
m=x. /(200 * t+eps);
m(1001)=1;
c=cos(2 * pi * fc. * t);
b=sin(2 * pi * fc. * t);
v=m. * c+imag(hilbert(m)). * b;
u=m. * c－imag(hilbert(m)). * b;
[M,m,df1]=fftseq(m,tz,df);
M=M/fz;
[U,u,df1]=fftseq(u,tz,df);
U=U/fz;
```

```
[V,m,df1]=fftseq(v,tz,df);
V=V/fz;
f=[0:df1:df1*(length(m)-1)]-fz/2;pause
subplot(2,2,1);plot(t,m(1:length(t)));
axis([-0.2,0.2,-0.51,1.1]);xlabel('时间');title('未调信号');
subplot(2,2,2);plot(t,c(1:length(t)));
axis([-0.1,0.1,-1.5,1.5]);xlabel('时间');title('载波');
subplot(2,2,3);plot(t,u(1:length(t)));
axis([-0.2,0.2,-1,1.2]);xlabel('时间');title('上边带已调信号');
subplot(2,2,4);plot(t,v(1:length(t)));
axis([-0.2,0.2,-1,1.2]);xlabel('时间');title('下边带已调信号');pause
subplot(3,1,1);plot(f,abs(fftshift(M)));
xlabel('频率','Fontsize',7,'color','r');title('未调信号的频谱','Fontsize',7,'color','r');
subplot(3,1,2);plot(f,abs(fftshift(U)));
title('上边带已调信号的频谱','Fontsize',7,'color','r');xlabel('频率','Fontsize',7,'color','r');
subplot(3,1,3);plot(f,abs(fftshift(V)));
title('下边带已调信号的频谱','Fontsize',7,'color','r');xlabel('频率','Fontsize',7,'color','r');
```

综合以上系统仿真所得波形我们可以明显看出在信道传输带宽的比较上，SSB 系统是最节省频带的传输系统。这与上一节中理论计算结果是吻合的，从而验证了式(4-8)、(4-15)、(4-22)的正确性。

各种幅度调制系统的传输性能(带宽、输出信噪比)虽然不比基带系统优越，但是它们在实现无线信道传输或者信道的多路复用等方面是一种基本的调制方式。

4.1.6 设计内容

1. 参考例 4.1-1 的设计要求，选择合适的信号，应用 MATLAB 设计标准调幅(AM)程序。

2. 参考例 4.1-2 的设计要求，选择合适的信号，应用 MATLAB 设计双边带调制(DSB)程序。

3. 参考例 4.1-3 的设计要求，选择合适的信号，应用 MATLAB 设计单边带调制(SSB)程序。

4.1.7 设计报告要求

1. 简述设计原理。

2. 简述设计思路。

3. 程序清单、运行参数、运行结果(包括图形与数据)。

4. 简述调试过程,分析设计与调试中发生的问题与解决的方法。

5. 心得体会,意见与要求。

4.2　用 MATLAB 验证 FDMA 原理

4.2.1　设计目的

频分多址(FDMA)技术在无线通信中被广泛应用,它是将无线信道划分为多个小的频带,每个频带固定的分配给某个信源使用。一般来说,建立一个频分多址系统还包括定义调制技术,用户可以用自己选择的方式对信息源进行调制。通过应用MATLAB验证该项技术,不仅进一步理解信号与系统的基本概念在通信技术中的应用,而且在此过程中可以提高将信号与系统基本概念与实用技术相结合的能力。

4.2.2　设计要求

用 MATLAB 做一个窄带信号通过全通滤波器的调制和解调过程。其中包括窄带信号,滤波器的仿真,信号通过滤波器出现时延,实现解调的仿真的全过程。

4.2.3　设计原理

调制技术用来将某个信号的频带搬移到频谱轴的其他位置上。选择不同的载波频率,搬移的位置也不同。假设信道总带宽足够容纳每个用户单个信号带宽之和,则采用频分多址方式后,在信道上可以同时传送多个用户的数据包。

图 4.2 - 1 给出了一个频分多址通信的例子,三路输入信号的频带分别被调制到 $f1, f2, f3$ 处。假设第 i 路调制信号的下限为 $fi - Bi$,频率上限为 $fi + Bi$,同时假设 $f(i+1) + B(i+1) < fi - Bi$,其中 $i = 1, 2, 3$。

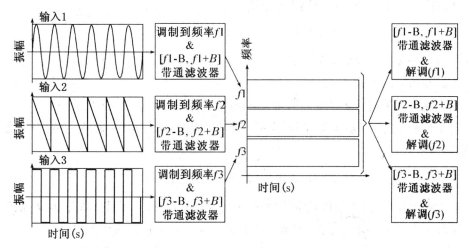

图 4.2 - 1　频分多址通信调制及解调示意图

图的中间部分显示的多址接入信号。在接受端,从信道上接收到的信号要经过一个带通滤波器,然后通过解调过程将信号恢复出来。恢复出的信号波形与图左边的输入信号波形相同。

图 4.2-2框图中的例子使用通信工具箱建立一个频分多址系统。该例采用的为双边带抑制载波振幅调制(DSB-SC AM)。

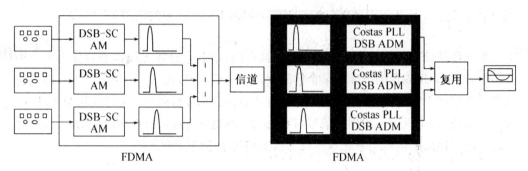

图 4.2-2 频分多址仿真模块图

一个 FDMA 解题实例:

在一个离散时间 FDMA 系统中,几个消息值 a_k 乘以一个窄带脉冲 $p[n]$,然后将这些脉冲调制到 $\cos(w_k n)$ 形式的不同频率的正弦载波信号上

$$S[n]=x_k[n]\cos(w_k n)$$

如果这个脉冲 $p[n]$ 是带限的,而且这些信号 $x_k[n]=a_k p[n]$ 每一个都被调制到不相连的频带上,那么这些消息值就能用带通滤波器和解调将他们恢复出来。

下面我们考虑用全通滤波器的相位来提取 FDMA 信号。

脉冲 $p[n]$ 的带宽为 w_x,即 $X_k(e^{jw})=0, |w|>w_x/2$。

现在考虑一个单位脉冲响应为 $h(n)$ 的滤波器对这个载带消息信号 $x_k[n]\cos(w_k n)$ 之一的响应。这个已调信号的傅里叶变换为

$$1/2 X_k(e^{j(w-wk)})+1/2 X_k(e^{j(w+wk)})$$

相当于将脉冲的频谱图搬移到 $+w_k$ 和 $-w_k$ 处。它在 $w_k-w_x/2<|w|<w_k+w_x/2$ 这个小的频率范围之外为零。

因此这个载带信号通过滤波器时,$H(w)$ 特性行为被限制 w_k 的周围。

对于足够小的 w_x,滤波器在 w 靠近 w_k 附近的相位可以准确地用一个线性近似来建模,即

$$\angle H(e^{jw}) \approx -\Phi - w\alpha, \quad w \text{ 接近 } w_k \tag{4-26}$$

对于这个近似,滤波器在载带信号 $x_k[n]\cos(w_k n)$ 上的作用就由如下组成:幅值上乘以 $|H(e^{jwk})|$,一项总因子 $e^{-j\Phi}$ 和一个相应于 α 个样本延迟的线性相位 $e^{-jw\alpha}$。

这个延迟称为在 $w=w_k$ 的群时延,因为它是以 w_k 为中心的一群频率所经历的有效公共时延。

每个频率的群时延是 $H(e^{jw})$ 的相位在那个频率处的负斜率,且能表示为

$$\tau(w) = -\frac{\mathrm{d}}{\mathrm{d}w}\{\angle H(\mathrm{e}^{jw})\} \tag{4-27}$$

所以由(4-1)得 $\tau(w) = \alpha$。

离散信号通过系统的频率表示法

如果一个线性时不变稳定单位取样响应为 $h(n)$，其频率响应是 $H(\mathrm{e}j\omega)$；该系统的输入序列是 $x(n)$，其频率是 $X(\mathrm{e}^{jw})$，则该系统输出序列 $y(n)$ 的频谱 $Y(\mathrm{e}^{jw})$ 是

$$Y(\mathrm{e}^{jw}) = X(\mathrm{e}^{jw}) \cdot H(\mathrm{e}^{jw}) \tag{4-28}$$

现将上式证明如下：

因为根据卷积公式有

$$y(n) = \sum_{k=-\infty}^{\infty} x(k) \cdot h(n-k)$$

而根据信号序列的傅里叶变换公式有

$$Y(\mathrm{e}^{jw}) = \sum_{n=-\infty}^{\infty} y(n)\,\mathrm{e}^{jw}$$

将卷积公式之 $y(n)$ 代入该式后可得

$$Y(\mathrm{e}^{jw}) = \sum_{n=-\infty}^{\infty}\sum_{k=-\infty}^{\infty} x(k)h(n-k)\,\mathrm{e}^{jwn}$$

$$= \sum_{k=-\infty}^{\infty} x(k)\,\mathrm{e}^{jwk}\sum_{n=-\infty}^{\infty} h(n-k)\,\mathrm{e}^{-jw(n-k)}$$

$$= X(\mathrm{e}^{jw})H(\mathrm{e}^{jw}) \tag{4-29}$$

由此式得到式(4-28)的证明。该式表明，离散信号通过系统后输出信号的频谱等于输入信号的频谱 $X(\mathrm{e}^{jw})$ 和系统的频率响应 $H(\mathrm{e}^{jw})$ 的乘积，这就是时域卷积定理。

还有一个重要的傅里叶变换性质

$$序列 \quad x(n-n_0) \qquad 傅里叶变换 \qquad X(\mathrm{e}^{jw}) * \mathrm{e}^{-jwn0} \tag{4-30}$$

海明(hamming)窗满足

$$w(n) = 0.54 - 0.46\cos(2\pi n/(N-1)) \qquad 0 \leqslant N-1$$

$$|W_{\mathrm{ham}}(\mathrm{e}^{jw})| = 0.54|W_R(\mathrm{e}^{jw})| + 0.23[\,|W_R(\mathrm{e}^{j(w-2\pi/N-1)})| + |W_R(\mathrm{e}^{j(w+2\pi/N-1)})|\,]$$

现假设 p[n] 是用 p=hamming(75)创建 75 个样本宽的海明窗。

它经过全通滤波器后的信号为 $y(t)$。

由上式(4-29)、(4-30)性质得

$$Y(\mathrm{e}^{jw}) = X(\mathrm{e}^{jw}) * \mathrm{e}^{-\Phi-w\alpha}$$

$$= X(\mathrm{e}^{jw}) * \mathrm{e}^{-w(\Phi/w-\alpha)}$$

因为输入调制前信号可以表示为 $x = [c + \cos(w_x n)]$

所以

$$y = [c + \cos(w_x(n - \Phi/w - \alpha))]\cos(w_k(n - \Phi/w - \alpha)) \quad 当 w = w_k$$

因为 $w_x \ll w_k$ $\qquad\qquad w_x * \Phi/w_k = 0$

故 $\qquad\qquad y(n) = x_k[n-\alpha]\cos(w_k n - \Phi - w_k\alpha)$

147

因此一窄带信号通过一全通滤波器时其包络平移了一个常数 α 即 H 函数的群时延。

由于不同的 w 对应于不同的群时延 α。因此可以通过将消息调制到不同的载波上,得到不同的群时延 α,它们就可以区分了,只要通过足够多次全通滤波器就可以了。

4.2.4 设计参考

1. 创建一个全通滤波器,具体的说,将用的全通滤波器满足

$y[n] - 1.1172y[[n-1] + 0.9841y[n-2] - 0.4022y[n-3] + 0.2247y[n-4] = 0.2247x[n] - 0.4022x[n-1] + 0.9841x[n-2] - 1.1172x[n-3] + x[n-4]$

在 MATLAB 中对这个滤波器创建 a,b 向量如下:

$a = [1.0000 \quad -1.1172 \quad 0.9841 \quad -0.4022 \quad 0.2247]$

$b = [0.2247 \quad -0.4022 \quad 0.9841 \quad -1.1172 \quad 1.0000]$。

利用 H 函数计算频率响应,并将它存入向量 H 中

[H omega]=freqz(b,a,1024,'whole');   %全通滤波器的频率响应

通过仿真可验证用于解调的是一个全通滤波器。仿真验证语句如下:

plot(omega,abs(H),'b');   %画出 H 函数的幅频响应

title(' 全通滤波器的频谱图 ');

得到 H 函数的频谱图如图 4.2-3。

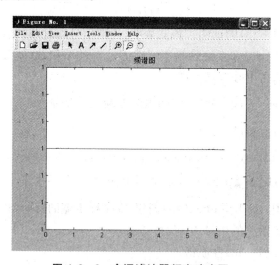

图 4.2-3 全通滤波器频率响应图

从图 4.2-3 可以看出在 $(0, 2\pi)$ 及 $(0, 6.28)$ 上幅值为 1。故可看出滤波器是全通滤波器。

除设计一个全通滤波器,还需求出它的群时延 α,它是包络解调的关键。因为信号 $s(n)$ 通过滤波器它平移 α 变成 $s(n-\alpha)$。利用 grpdelay 函数求 H 函数的群时延。

[tau,w]=grpdelay(b,a,1024,'whole');   %求出每个频率点的群时延

这个语句在向量 tau 中产生从 0 到 2π 内 1024 个等分频率样本点上一个离散时间

滤波器的群时延,下面画出 w 上的群时延图,如图 4.2 – 4。

2. 创建脉冲信号并对该信号进行调制

```
p＝hamming(75);          ％产生脉冲信号
for I＝1:75,
    T1(I)＝cos(I * 3.14159/4);
    T2(I)＝cos(I * 2 * 3.14159/4);
    T3(I)＝cos(I * 3 * 3.14159/4);
end
s1＝p'. * T1;
s2＝p'. * T2;
s3＝p'. * T3;          ％产生信号 s1,s2,s3
```

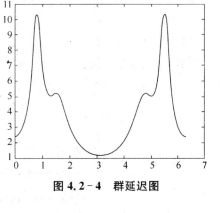

图 4.2 – 4 群延迟图

上面用了一个循环语句创建了向量 T1,T2,T3 再用向量的点乘得到调制后的信号 s1,s2,s3。

由 subplot(2,2,1),plot(s1);

subplot(2,2,2),plot(s2);

subplot(2,2,3),plot(s3);

得到图 4.2 – 5。

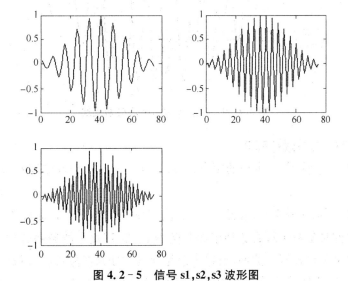

图 4.2 – 5 信号 s1,s2,s3 波形图

由图看出载波频率越高,波形越密。

用 fft 计算它们的离散傅里叶变换 S1,S2,S3,在以 w 为 x 轴画出的 s1,s2,s3 信号的 DTFT 的频谱图时可以利用 ffshift 去对准频率轴。MATLAB 函数 ffshift 是专门用来将向量 X 的第二个一半和前面的一半进行交换而写的。如图 4.2 – 6 所示。

由图 4.2 – 6 可以看出,信号 s1,s2,s3 通过调制被搬移到不同的载波 w_1,w2,w3 上,已被完全的分开了,所以信号 s1,s2,s3 可以被解调出来。

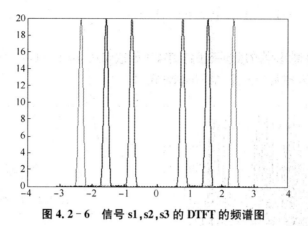

图 4.2-6　信号 s1,s2,s3 的 DTFT 的频谱图

在图 4.2-4 中,可以估计出 w_1 这一点的群时延大约为 10,用 filter 函数求出信号 s_1 通过滤波器后的波形,将它同原信号比较如图 4.2-7。

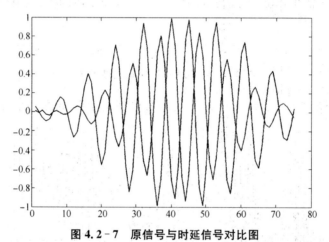

图 4.2-7　原信号与时延信号对比图

3. 对 FDMA 信号进行解调

不难发现 s1 平移了 n_{d1} 大小的距离,变成 $s[n-n_{d1}]$,它与滤波器在 w_1 处的群时延相同,即 $n_{d1}=\alpha$。

考虑信号 s＝s1＋s2＋s3,假设 $a_k=1$。由于每个脉冲 $xk[n]$ 都是 75 个样本长,而这个滤波器的群时延对于所有的频率都明显小于 75,用这个滤波器处理 s 信号以后不足以将这些单个脉冲分开。然而,对这个信号反复应用这个滤波器,对每个信号产生的群时延将会叠加,也就是 L 次应用这个滤波器,响应的包络 $s(l)[n]$ 将近似为:

$$x_1[n-\ln_{d1}]+x_2[n-\ln_{d2}]+x_3[n-\ln_{d3}]。$$

式中 n_{dk} 是在 w_k 处的群时延。只要经过足够多次滤波,就可以将这些脉冲分开。MATLAB 仿真语句如下:

```
s＝s1＋s2＋s3;
for L=1:25
s＝filter(b,a,s);
```

end

plot(s,'b');

对 for 语句中的 L 值的范围进行变换,比如这句从 for L＝1:10 开始可以发现它的图形还没将单个信号完全分开,如图 4.2-8。

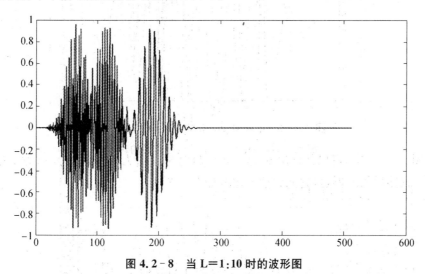

图 4.2-8　当 L＝1:10 时的波形图

不断用列举的方法,当 for L＝1:25 时信号可完全分开,如图 4.2-9。

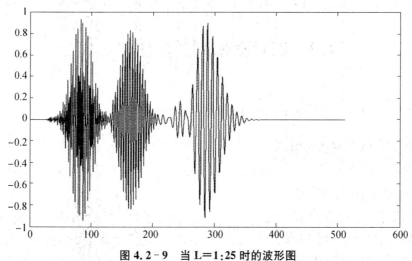

图 4.2-9　当 L＝1:25 时的波形图

在 4.2.2 的设计原理的推导过程中应用了条件 $w_r \ll w_k$,由于实际情况不可能实现这种理想情况,所以包络还是有一个小的时延如图 4.2-10。

至此窄带信号通过全通滤波器的解调过程的 MATLAB 的完成。

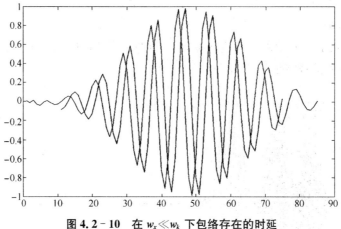

图 4.2 - 10　在 $w_x \ll w_k$ 下包络存在的时延

4.2.5　设计报告要求

1. 简述设计原理。
2. 设计思路。
3. 程序清单、运行参数、运行结果(包括图形与数据)。
4. 简述调试过程,分析设计与调试中发生的问题与解决的方法。
5. 心得体会,意见与要求。

4.3　调频立体声广播仿真实现

4.3.1　设计目的

通过应用 MATLAB 设计调频立体声广播仿真系统,提高对该系统的理解,提高应用 MATLAB 进行仿真研究的能力。

4.3.2　设计要求

设计一个有图形界面按钮控制的调频立体声广播仿真系统。

4.3.3　设计原理

1. 频率调制(FM)

在幅度调制中,已调信号的频谱只是基带信号频谱的简单搬移,而没有改变其频谱结构,通常把这种调制称为线性调制,与其相反的调制称为非线性调制。线性调制是通过改变载波的幅度达到的,而非线性调制通常是通过改变载波的频率或相位来完成的。当载波幅度保持不变,其频率或相位随调制信号线性变化的调制称为频率调制或相位调制。

频率调制就是载波信号的瞬时频率偏移随调制信号 $f(t)$ 线性变化的调制,即

$$\omega(t) = \omega_0 + K_{FM} f(t) \tag{4-31}$$

式中，K_{FM} 称为调频器的灵敏度，单位为 Hz/V。调频波的瞬时相位为

$$\theta(t) = \int_{-\infty}^{t} \omega(\tau) d\tau = \omega_0 t + K_{FM} \int_{-\infty}^{t} f(\tau) d\tau \tag{4-32}$$

式中，$K_{FM} f(t)$ 称为瞬时频率偏移，其最大频偏为

$$\Delta\omega_{FM} = K_{FM} |f(t)|_{max} \tag{4-33}$$

因此，调频波的时间表达式为

$$s_{FM}(t) = A_0 \cos\left[\omega_0 t + K_{FM} \int_{-\infty}^{t} f(\tau) d\tau\right] \tag{4-34}$$

调频波的瞬时频率偏移与调制信号 $f(t)$ 成线性关系。

单音调频

调制信号为单一频率的余弦信号 $f(t) = A_f \cos\omega_f$，代入调频波表达式，可以得到单音调频信号的表达式

$$\begin{aligned} s_{FM}(t) &= A_0 \cos\left[\omega_0 t + K_{FM}\int_{-\infty}^{t} A_f \cos\omega_f t \, dt\right] \\ &= A_0 \cos\left[\omega_0 t + (K_{FM} A_f / \omega_f) \sin\omega_f t\right] \\ &= A_0 \cos\left[\omega_0 t + \beta_{FM} \sin\omega_f t\right] \end{aligned} \tag{4-35}$$

式中 $\beta_{FM} = K_{FM} A_f / \omega_f$ 称为调频指数，也是调频波的最大相偏。调频波的瞬时频率为

$$\omega(t) = \omega_0 + K_{FM} A_f \cos\omega_f t \tag{4-36}$$

最大频偏为

$$\Delta\omega_{FM} = K_{FM} A_f \tag{4-37}$$

可见，当 A_f、K_{FM} 一定时，调频信号的最大相偏随 ω_f 而变化。

2. 调频立体声广播系统框图

调频立体声广播是一种频分多路传输方式，它与普通的单声道调频广播兼容。调频立体声广播采用和差方式来传送立体声节目，"和信号"是左声道和右声道的信号之和，而"差信号"则是左声道和右声道信号之差。

调频立体声广播的基带信号 $m_b(t)$ 由下式来描述

$$m_b(t) = (L+R) + (L-R) \cdot \cos\omega_{SC} t + P \cdot \cos\frac{\omega_{SC}}{2} t \tag{4-38}$$

其中，L 为左声道信号，R 为右声道信号，$L+R$ 为和信号，$L-R$ 为差信号，ω_{SC} 副载波的角频率，P 代表导频信号。

和信号为主信道，其频率范围是 50 Hz～15 kHz，采用普通的调频方式进行传送；差信号先采用 38 kHz 的副载波进行双边带调幅（SSB - SC），这称为副信道，副信道的频率范围 23 kHz～53 kHz。为了便于在调频接收机内进行同步解调，在基带信号中还设置了导频信号，其频率为 19 kHz，为副载波频率的一半。对基带信号进行频率调制（频偏为 75 kHz），这样就形成了立体声广播的射频信号。

　　在调频立体声接收机中,在变频和中放之后首先进行调频解调;然后使用锁相环电路,根据导频信号来恢复副载波,这样确保了副载波的频率与相位与发射端严格同步;接着通过一个低通滤波器和一个高通滤波器将主信道信号和副信道信号分开,并对副信道进行同步解调,这样就得到了和信号和差信号;最后通过矩阵电路将和信号和差信号还原为左声道信号和右声道信号。

　　调频立体声广播的系统框图如图 4.3 - 1 所示,其中(a)图为发射机的系统框图,(b)图为接收机的系统框图。

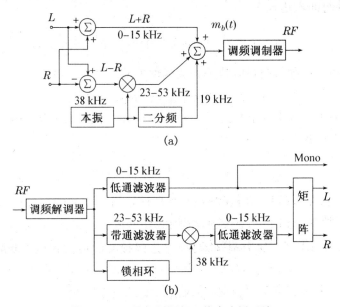

图 4.3 - 1　导频制调频立体声广播系统

4.3.4　调频立体声广播仿真实现参考

　　MATLAB 特别适合对电子系统的仿真,不仅有丰富的工具箱,还有图形设计系统。句柄系统是 MATLAB 图形系统的基础,包括完成 2D 和 3D 数据图示、图形处理、动画生成、图形显示等功能的高层命令,也包括用户对图形图像等对象进行特性控制的低层命令等。

　　自定义的 M 函数 fmstereo. m 用来对调频立体声广播系统进行仿真。为了便于使用,在函数中采用了用户控制框来输入各种参数。输入的左右声道信号可以在正弦波、方波和锯齿波之间进行选择,信号的频率也可以进行指定,缺省的频率为 1 kHz;输入信号选择完毕之后,按 START 按钮便可以进行仿真。

　　对于该程序设计,从结构上来说主要分为两大块:① 用句柄建成各种控制框,生成一个按钮式界面;② 用常用的信号处理和作图函数完成调频立体声广播系统的各个功能,如基带信号的波形和频谱、已调波信号的波形和频谱、解调后的基带信号的波形和频谱、输出信号的波形和频谱。这两块相比,显然,第一块要占很大篇幅。下面通过图示来简要叙述一下控制框按钮界面的实现思路,见图 4.3 - 2。

　　操作界面上的按钮中的属性由 uicontrol 函数控制,其属性包括类型、长度单位、长宽

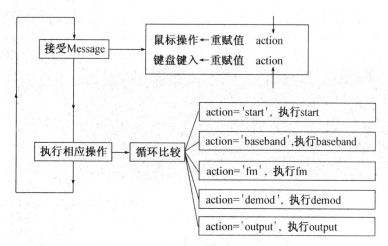

图 4.3-2 用句柄实现控制框按钮界面

高、、位置、字体、字符串、输入字符、颜色等。如 H11＝uicontrol（'Style'，'Text'，'Units'，'Normal'，'Pos'，[.84.95.15.03]，'String'，'Left Channel'，'Back'，[.8.8.8]，'fore'，'b'）。而在调频立体声广播系统中，发射端信号的生成、处理未使用到特定的函数，都是根据表达式直接生成波形，在接收端中，解调时，为了把和差信号分开，需要调用自定义的 fmst.m 函数并用到了 cheby2 滤波器和 fft 函数。Fmst.m 函数的功能是主要使用 fft 函数形成频谱图并用作图函数作出。

图 4.3-3，4.3-4，4.3-5，4.3-6 为 fmstereo 函数的运行结果，分别表示基带信号及其频谱、调频波及其频谱、解调信号及其频谱、输入输出波形。

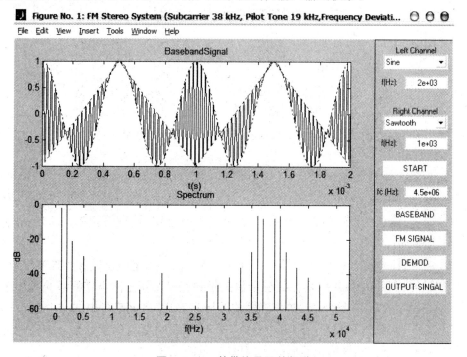

图 4.3-3 基带信号及其频谱

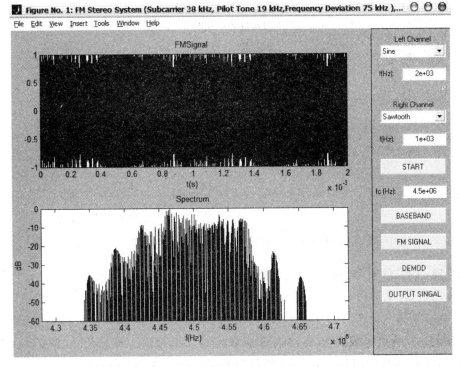

图 4.3 - 4　调频信号及其频谱

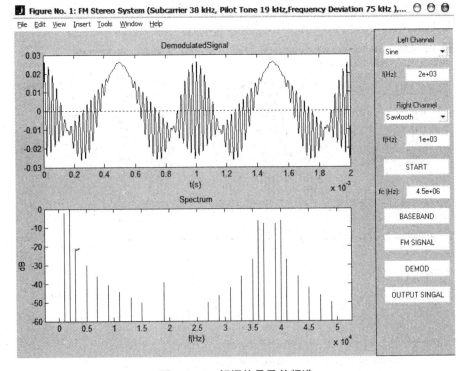

图 4.3 - 5　解调信号及其频谱

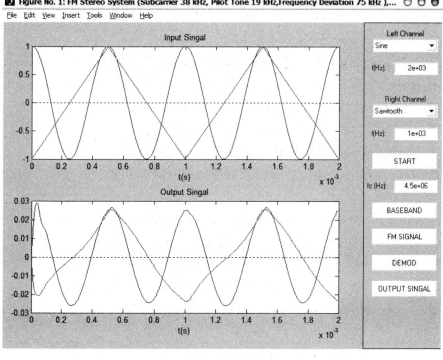

图 4.3 - 6　输入、输出信号

在这个实例中,左声道信号为正弦波,频率为 2 000 Hz,右声道信号为锯齿波,频率为 1 000 Hz,从中可以清楚地看出基带信号的包络分别代表着左声道信号和右声道信号,这一点是调频立体声广播系统特有的。

MATLAB 实现调频立体声广播程序如下:

```
function[]=fmstereo(action);
%
% BBI 2000
global L R yb yrf yl LL RR fl fr fc fs fg fl t v N H12 H14 H22 H24 Kenv H5
H6 H7 H8
v=version; if nargin< 1; action='initialized'; end;
Kact=0;
if strcmp (action,'initialized');
    if strcmp (v(1),'5');
        figure ('Num','off','Units','pix', 'pos', [5 29 792 530],...
            'Color', [1 1 1]);
    elseif strcmp (v(1),'4');
        figure ('num', 'off', 'units', 'pix', 'pos', [5 29 792 530]);
        whitebg ('w');
    end;
```

```
set (gcf, 'name', ...
     ['FM Stereo System (Subcarrier 38 kHz, Pilot Tone 19 kHz, ...
         'Frequency Deviation 75 kHz ), BBI 2000']);
uicontrol ('Style','Frame','Units','Normal', 'Pos',[.82 0 .2 1], ...
     'Back', [.8 .8 .8]);
H11=uicontrol ('Style', 'Text', 'Units', 'Normal', 'Pos', ...
     [.84 .95 .15 .03], 'String', 'Left Channel', ...
     'Back', [.8 .8 .8], 'fore', 'b');
H12=uicontrol ('Style','Popup','Units','Normal', 'Pos',...
     [.84 .9 .15 .05], ...
     'String', str2mat ('Sine', 'Square', 'Sawtooth'), ...
               'Back', [1 1 1], 'Callback', 'fmstereo left;');
H13=uicontrol ('Style', 'Text', 'Units', 'Normal', 'Pos', ...
     [.83 .835 .05 .04], 'String', 'f(Hz):', 'Back', [.8 .8 .8]);
H14=uicontrol ('Style', 'Edit', 'Units', 'Normal', 'Pos', ...
     [.89 .84 .1 .04], 'Back', [1 1 1], 'String', ...
     '1e+03','Call','fmstereo fl;');
H21=uicontrol ('Style', 'Text', 'Units', 'Normal', 'Position', ...
     [.84 .75 .15 .03], 'String', 'Right Channel', ...
     'Back', [.8 .8 .8],'fore','r');
H22=uicontrol ('Style', 'Popup', 'Units', 'Normal', 'Position', ...
     [.84 .7 .15 .05], 'String', str2mat ('Sawtooth','Sine','Square'), ...
     'Back', [1 1 1], 'Callback', 'fmstereo right;');
H23=uicontrol ('Style', 'Text', 'Units', 'Normal', 'Pos', ...
     [.83 .635 .05 .04], 'String', 'f(Hz):', 'Back', [.8 .8 .8]);
H24=uicontrol ('Style', 'Edit', 'Units', 'Normal', 'Position', ...
     [.89 .64 .1 .04], 'Back', [1 1 1], 'String', '1e+03', ...
     'Call','fmstereo fr;');
H3=uicontrol ('Style', 'Push', 'Units', 'Normal', 'Position', ...
     [.84 .55 .15 .05], 'String', 'START', 'Call', 'fmstereo start;');
H41=uicontrol ('Style', 'Text', 'Units', 'Normal', 'Position', ...
     [.822 .475 .06 .04], 'String', 'fc (Hz):', 'Back', [.8 .8 .8]);
H42=uicontrol ('Style', 'Edit', 'Units', 'Normal', 'Position', ...
     [.89 .48 .1 .04], 'Back', [1 1 1], ...
     'String', '4.5e+06', 'Call', 'fmstereo fc;');
H5=uicontrol ('Style', 'Push', 'Units', 'Normal', 'Position', ...
     [.84 .4 .15 .05], 'String', 'BASEBAND', ...
```

```
        'Call', 'fmstereo baseband;', 'vis', 'off');
H6=uicontrol ('Style', 'Push', 'Units', 'Normal', 'Position', ...
        [.84 .32 .15 .05], 'String', 'FM SIGNAL', ...
        'Call', 'fmstereo fm;', 'vis', 'off');
H7=uicontrol ('Style', 'Push', 'Units', 'Normal', 'Position', ...
        [.84 .24 .15 .05], 'String', 'DEMOD', ...
        'Call', 'fmstereo demod;', 'vis', 'off');
H8=uicontrol ('Style', 'Push', 'Units', 'Normal', 'Position', ...
        [.84 .16 .15 .05], 'String', 'OUTPUT SINGAL', ...
        'Call', 'fmstereo output;', 'vis', 'off');
fc=4.5e+06; fl=1000; fr=fl; fg=38e+03; fs=4*fc;
dt=1/fs; T=2/fr; t=0: dt: T-dt; fl=1/T; N=length (t); Kact=1; Kenv=1;


elseif strcmp (action, 'left') | strcmp (action, 'right');
        Kact=1;


elseif strcmp (action, 'fl') | strcmp (action, 'fr');
        fl=get (H14, 'string');    fl=str2num (fl);
        fr=get (H24, 'string');    fr=str2num (fr);
        f=min ([fl fr]);           Kact= 1;
        dt=1/fs; T=2/f;           t=0: dt: T-dt; fl=1/T; N=length (t);


elseif strcmp (action, 'fc');
        fc=get (gco, 'string'); fc=str2num (fc); Kact=1;


elseif strcmp (action, 'start');
        y=L+R+.01*sin (pi*fg*t)+(L-R).*sin (2*pi*fg*t);
        yb=y/max (abs (y));                        %基带
        yrf=sin (2*pi*fc*t+2*pi*(75e+03)*cumsum (yb) /fs); %射频
        y1=demod (yrf, fc, fs, 'fm');              %解调信号
        [b, a]=cheby2 (4, 40, .5*fc/fs/2); y1=filter (b, a, y1);
        if strcmp (v (1), '4');
            subplot (1, 1, 1); set (gca, 'vis', 'off');
        end;
        k1=1.6; [b, a]=cheby2 (4, 40, k1*fg/fs); u=filter (b, a, y1);
        [b, a]=cheby2 (4, 40, fg/fs/k1, 'high');   v=filter (b, a, y1);
        v=demod (v, fg, fs, 'amssb') *2;          LL=u+v; RR=u-v;
```

```
        subplot ('position', [.065 .5811 .7 .3439]);
        plot (t, L, 'b', t, R, 'r', [t(1) t(N)], [0 0], 'k:'); zoom xon;
        xlabel (['t(s)']); title ('Input Singal');
        subplot ('position', [.065 .11 .7 .3439]);
        plot (t, LL, 'b', t, RR, 'r', [t(1) t(N)], [0 0], 'k:'); zoom xon;
        xlabel (['t(s)']); title ('Output Singal');
        set (H5,'vis','on'); set (H6,'vis','on');
        set (H7,'vis','on'); set (H8,'vis','on');

    elseif strcmp (action, 'baseband');
        fmst (t, yb, v, f1, N, 'Baseband', Kenv); Kenv=-Kenv;

    elseif strcmp (action, 'fm');
        fmst (t, yrf, v, f1, N, 'FM');

    elseif strcmp (action, 'demod');
        fmst (t, y1, v, f1, N, 'Demodulated');

    elseif strcmp (action, 'output');
            if strcmp (v(1), '4');
                subplot (1, 1, 1); set (gca, 'vis', 'off');
            end;
            subplot ('position', [.065 .5811 .7 .3439]);
            plot (t, L, 'b', t, R, 'r', [t(1) t(N)], [0 0], 'k:'); zoom xon;
            xlabel (['t(s)']); title ('Input Singal');
            subplot ('position', [.065 .11 .7 .3439]);
            plot (t, LL, 'b', t, RR, 'r', [t(1) t(N)], [0 0], 'k:'); zoom xon;
            xlabel (['t(s)']); title ('Output Singal');
    end;

    if Kact==1;
            if strcmp (v(1), '4');
                subplot (1, 1, 1); set (gca, 'vis', 'Off');
            end;
            k=get (H12, 'value');
            if k==1; L=sin(2 * pi * f1 * t+pi/2);
            elseif k==2; L=square(2 * pi * f1 * t, 50);
```

```
    elseif k==3; L=sawtooth(2 * pi * fl * t+pi/6, .5);
    end;
    k=get (H22, 'value');
    if k==2; R=sin(2 * pi * fr * t+pi/3);
    elseif k==3; R=square(2 * pi * fr * t - pi/6, 50);
    elseif k==1; R=sawtooth(2 * pi * fr * t, .5);
    end;
    subplot ('position', [.065 .5811 .7 .3439]); plot (t, L, [t(1) t(N)],
[0 0],'k:');
    xlabel (['t(s)']); title ('Lelf Channel');
    subplot ('position', [.065 .11 .7 .3439]);
    plot (t, R, 'r', [t(1) t(N)], [0 0], 'k:');
    xlabel (['t(s)']); title ('Right Channel');
end;
```

fmstereo. m 函数在运行过程中要调用 fmst. m 函数,该函数清单如下:

```
function []=fmst (t, y, v, fl, N, tstr, Kenv);
%
global L R
if nargin<7; Kenv=0; end;

if strcmp (v(1), '4');
        subplot (1, 1, 1); set (gca, 'vis', 'off');
end;
subplot ('position', [.065 .5811 .7 .3439]);
if Kenv==1;
    plot (t, y, 'b', t, L, 'b:', t, R, 'r:');
else;
    plot (t, y, [t(1) t(N)], [0 0],'k:');
end; zoom xon;
xlabel (['t(s)']); title ([tstr 'Signal']);
yy=abs(fft (y))/N; yy=yy(1: fix (N/2)); ymax=max (yy);
yy=yy/ymax; yy=20 * log10 (yy);
I=find (yy>- 50); fn=(I - 1) * fl; yn=yy(I);m=length (I);
subplot ('position', [.065 .11 .7 .3439]);
for i=1:m;
    plot ([0 0]+fn(i), [- 60 yn(i)], 'b'); hold on;
```

end；

xlabel（['f(Hz)']）；ylabel（'dB'）；v=axis；zoom xon；

dv=(v(2)-v(1))*.05；axis（[v(1)-dv v(2)+dv v(3：4)]）；

title（'Spectrum'）；hold off；

if Kenv==1；

    text（l9e+03，-30，'Pilot Tone'，'fontn'，'arial'，'fonts'，9，'color'，'b'，'hor'，'center'）；

    end；

4.3.5　设计报告要求

1. 简述设计原理。
2. 设计思路。
3. 程序清单、运行参数、运行结果(包括图形与数据)。
4. 简述调试过程,分析设计与调试中发生的问题与解决的方法。
5. 心得体会,意见与要求。

4.4　股票市场(离散信号)的线性预测

随着人们对信号系统理论研究的进一步深入,信号系统所能处理问题的能力得到了进一步加强,大量社会与经济的问题亦可借助于信号系统理论得以解决。只要能将社会与经济中的各种问题采集得到一定的数据或通过建立模型的方式得到相应的数据,那么剩下的事情便可以在信号与系统中处理了。

4.4.1　设计目的

通过设计股票市场(即离散信号)的线性预测程序,学习将信号系统理论应用于更广阔的社会与经济领域的方法,学习综合应用信号系统理论、应用数学、MATLAB 等知识解决实际问题的方法,提高学习兴趣,提高发现问题解决问题的能力。

4.4.2　设计要求

本课设要求根据线性预测的基本原理,即结合最小二乘法的基本原理、系统辨识理论和结合信号处理的知识,应用 MATLAB 设计一个股票市场(即离散信号)的线性预测程序。

4.4.3　设计原理

1. 线性预测与股票数据

线性预测是通信领域中利用数理统计来预测离散信号幅值的。这种预测是借助于数据之间的关联程度,从已知的东西得到未知东西的估计值。它们与实际结果总是有正的或负的差值。既然不够准确,那意义在于什么呢? 在信号处理过程中必定要考虑到信号的众多因素,如幅度,频率,相位,以便更好地按照性能指标来设计系统,而这个预测值便给了我们这种参考的依据。即便没有专门的预测系统,人们有时也会凭经验从已知的东西去估计未知的东西,而设计这样一个专门从事预测的系统,则更能客观准确地去预测数据。

例如:每天从股市上采集得到大量数据。人们可以画出其走势图,如果要得知日后每一天的情况,一般多数人通过细心的观察其走势情况,总结一些经验,然后再对将来的情况做一些人为的判断。其实人们无形之中也在利用了数据的关联性。但这种估计毕竟是带有人们主观意识的,并且是没有一定原则下的估计。当我们采集到这一系列的数据之后,将其视为离散的随机信号,那么此时便可利用信号系统中线性预测的理论来设计预测系统了。

2. 设计线性预测系统的一般原则和系统辨识的的基本问题

从股市上采集数据之后,其余的问题只要在信号系统领域内就可完成了,当然这儿也借助了数理统计方面的理论。预测系统实际就是要对随机数据作出估计,而作出估计就需要一定的原则,这儿我们用了均方误差最小原则,即最小二乘法。因为我们的主要工作是为了设计一个系统。而这个系统的设计并非是根据了所给出的性能指标,而是根据了输入和输出,应用最小二乘法来来明确一个具体的系统,这就是所谓的系统辨识。当由最小二乘法得到一个系统后,那么系统辨识的基本理论已包括在内了。

3. 线性预测系统的设计原理

在涉及语音编码、地震学和频率响应建模应用的时间序列分析中,预测是最为广泛的应用方法之一。在这个课题中,将要学到如何将预测应用于设计一个离散时间有限脉冲响应(FIR)滤波器来既解决时域预测问题,又解决频域建模问题。

在预测问题中,观察到某一信号 $x[n]$,希望要设计一个系统,它能够单独地根据过去的值预测这个信号的将来值。对于预测来说,这个系统是一个 FIR 滤波器,它能根据过去的一种组合计算出一个预测量:

$$\hat{x}[n] = \sum_{k=1}^{p} a_k x[n-k] \qquad (4-39)$$

式中 $\hat{x}(n)$ 就是 $x[n]$ 的预测值。因为用了信号的前 p 个值构成这种预测,所以这是一个 p 阶滤波器。给定某一固定的滤波器阶 p,预测问题就是要确定一组滤波器系数 a_k,以使得最好的实现(4-39)式得预测。确定这个"最好"系数 a_k 的最常用的准则是选择这些系数使得的平方预测误差达到最小

$$E = \sum_{n=1}^{N} |e[n]|^2 = \sum_{n=1}^{N} |x[n] - \hat{x}[n]|^2 \qquad (4-40)$$

式中假设序列 $x[n]$ 的长度为 N。

有几个途径可用来对 a_k 来求解以使(4-40)式中 E 最小。最简单的方法就是用 MATLAB 的"\"算子来联立方程组。假设 $N>P$,这个方程预测问题可以形成矩阵形式为

$$\begin{bmatrix} X[1],X[2],\cdots X[p] \\ X[2],X[3],\cdots X[p+1] \\ \cdots\cdots\cdots\cdots \\ X[N-p],\cdots\cdots X[n-1] \end{bmatrix} \begin{bmatrix} a_1 \\ a_2 \\ \cdots \\ a_p \end{bmatrix} +$$

$$\begin{bmatrix} e[p+1] \\ e[p+2] \\ \cdots\cdots \\ e[N] \end{bmatrix} = \begin{bmatrix} x[p+1] \\ x[p+2] \\ \cdots\cdots \\ x[n] \end{bmatrix} \qquad (4-41)$$

或者紧凑一些写成 $Xa+e=x$。

这个能用来对向量 a 求解,以使总平方预测误差 $e'*e$ 最小。

在这个课题之中,我们将对股票市场的个股股票作出分析。首先要做的工作便是得到一只确定的股票在一段特定的较长的时间内的走势,即每天的股值。将这个课题应用在一个实际问题之中,得到的结果与客观数据进行比较,这样人们便能更好地体会线性预测的价值所在。

首先我们登录网站 www.cfi.com.cn(中国财经信息网),下载一个股市分析软件。我们以一个股票代码为例,下载其历史数据(如可以下载 2 年中的 1,2,3,4 月份各天)。将其装载到该股市分析软件之中,我们画出其走势图,如图 4.4-1 所示。

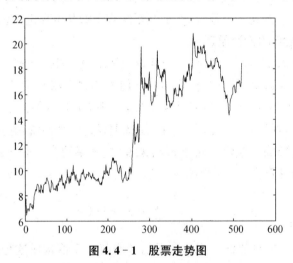

图 4.4-1 股票走势图

在这个课题之中我们将做一笔投资:
- 基于过去的各天的股值构造一个线性预测器。
- 用该预测器,根据前 p 天的股值对下一天的股值做出预测。

对于这个题目,我们有如下要求:

(1) 在线性和半对数坐标上分别画出该股的股值。假设 $p=3$,520 天的数据创建在 4-41 式中的向量 x 和矩阵 X。可用 MATLAB 的\算子对向量 a 求解,以使得在 2.3 式中的内积 $e'*e$ 最小。按 $a=X/x$ 利用 MATLAB 的"\"算子解出这个线性预测器的预测系数。利用 xhat1=- X * a 对 520 个数据创建预测值的向量,即用矩阵公式求解。同时在序列 x 上适当地用 filter 也创建向量 xhat2。要注意,在向量 a 中的系数与按 filter 所要求的次序是相反的。在实际的走势图上画出预测值的图,确定预测值和实际值之间的总平方误差。作为验证,分别用两种方法来做。首先用 $e = x + X * a$ 计算预测误差,然后用实际值减去预测序列 xhat2 来计算误差。确定这两个值是相同的。从而说明了,矩阵公式求解与卷积的结果是一致的。

（2）计算并画出总平方预测误差作为 p 的函数,$p = 1, 2, 3, \cdots\cdots 10$。对于每个模型的阶 p,必须要求出预测系数 $a_1, a_2, \cdots\cdots a_{10}$,然后再计算每个预测误差。什么是一个合适的 p 值? 也就是说,有一个 p 值,在比这个 p 值再大,预测误差基本不再减小了,这个 p 值是什么?

（3）为了预测更为准确,现在可能促使你要去寻求另一种策略,他比以前所建立的简单线性预测方案更能接近实际值。譬如说,你可能试图做出每一预测前,根据最近 520 天的数据更新你的预测器系数。对于真正这样做来说,有几种快速算法,像递推最小二乘法(RLS)就是其中之一。

（4）用解析法论证(用帕斯瓦尔定理),将线性预测器的系数 a_k 按照使

$$\frac{1}{2\pi} \int_{-\pi}^{\pi} \left| \frac{X(e^{j\omega})}{\hat{X}(e^{j\omega})} \right|^2 d\tilde{\omega}$$

最小来选取,证明可用线性预测器对序列 $x[n]$ 的 DTFT 建模,式中

$$\hat{X}(e^{j\omega}) = \frac{1}{1 + \sum\limits_{k=1}^{p} a_k e^{-j\omega k}}$$

4.4.4　系统辨识与最小二乘法

1. 系统辨识

在信号系统中有两种经常处理的问题:① 由系统的输出与系统的频率响应来得到输入信号,这叫做信号还原;② 由输入信号与输出信号来确定一个系统,这叫做系统辨识。本课题便是一个典型的系统辨识的问题。系统辨识的问题普遍认为是,通过观测一个系统或一个过程的输入—输出关系,确定系统或过程的数学模型。如图 4.4 - 2 所示。

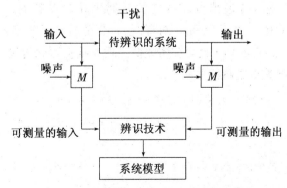

图 4.4 - 2　表示系统辨识问题的方块图

2. 最小二乘法

(1) 最小二乘法

当我们在处理某些问题时,遇到了一个尚未明确的系统或一个系统的模型。由于无法根据其内部构造来通过各种变换和运算得到这个系统的传递函数或诸多参数。我们只能根据输入信号与输出信号来推算这样一个系统。并且通过一两次或极少次数的推算无法真正的确定出其参数。于是必须通过大量的输入与输出才能较准确地估计。最小二乘法便给我们提供了一种数学步骤和原则,在其之下,模型能在最小平方误差的意义上对系统参数进行估计,以便使其与实际值实现最好的拟合。我们尚未明确的系统或系统模型如图 4.4-3 所示。其输入为向量 $(x_1, x_2, \cdots\cdots x_n)$,输出为 y。由于我们是在一定原则下的线性预测,我们假定输入向量 $(x_1, x_2, \cdots\cdots x_n)$ 与输出变量 y 之间有着线性关系

$$y = \theta_1 x_1 + \theta_2 x_2 + \cdots\cdots + \theta_n x_2 \tag{4-42}$$

其中 $\theta = (\theta_1, \theta_2, \cdots\cdots \theta_n)$ 是一组常参数。这里我们对 θ 是不知到的,我们所做的工作便是希望通过观测不同时刻的变量 y 和输入向量 $x = (x_1, x_2, \cdots, x_n)$ 的值来估计这些未知的 θ。

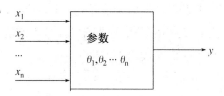

图 4.4-3 不明确系统的辨识

由于 θ 也是一个向量,因此需要多个观测值来求解 θ。但是这时我们应该注意到,我们是对 θ 做出估计,以估计出的 θ 的值来假定这样一个系统,从而由新的输入再去得到新的输出。实际系统并非真如估计的那样存在向量 θ,因此对于求解 θ,最好不要在得到 n 组值后通过联立 n 个方程的方式来求解。除非这个系统已明确了形式,而不知道参数值时,可利用这种方法来解。但我们这里却不知系统的任何东西,只是靠系统的输入—输出,在假定输入与输出存在线性关系时来估计参数的。当我们在时刻 t_1,$t_2, \cdots, t_m$ 时刻已经取得了关于 y 和 x 两者的 m 次观测结果的序列。我们用 $y(i)$ 和 $x_1(i), x_2(i), \cdots, x_m(i)$ 表示第 i 次的实测数据。现在我们可以通过下列 m 个线性方程的方程组显示出这些数据之间的关系

$$y(1) = \theta_1 x_1(1) + \theta_2 x_2(1) + \cdots\cdots + \theta_n x_n(1)$$
$$y(2) = \theta_1 x_1(2) + \theta_2 x_2(2) + \cdots\cdots + \theta_n x_n(2)$$
$$\cdots\cdots \qquad\qquad \cdots\cdots$$
$$y(m) = \theta_1 x_1(m) + \theta_2 x_2(m) + \cdots\cdots + \theta_n x_n(m) \tag{4-43}$$

在统计学中,式 4-43 称为回归方程,而 θ_i 则称为回归系数。我们设

$$y=\begin{bmatrix} y(1) \\ y(2) \\ \cdots \\ y(m) \end{bmatrix}, X=\begin{bmatrix} x_1(1),x_2(1),\cdots\cdots,x_n(1) \\ x_1(2),x_2(2),\cdots\cdots,x_n(2) \\ \cdots\cdots\quad\cdots\cdots \\ x_1(m),x_2(m),\cdots\cdots,x_n(m) \end{bmatrix}, \theta=\begin{bmatrix} \theta_1 \\ \theta_2 \\ \cdots \\ \theta_n \end{bmatrix}$$

上面的方程组可以简写为：

$$y=x\theta \tag{4-44}$$

注意其中的 $m \gg n$。因为我们不是通过解方程而是在最小平方误差准则下的估计，因此为了增大精确度，我们必须对大量的数据进行观测处理。为了能够估计 n 个参数 θ，必须有 $m \geqslant n$。若 $m=n$，根据方程(4-44)，通过下式 $\hat{\theta}=X^{-1}y$ 解得的 $\hat{\theta}$ 与 θ 的误差较大。然而，当 $m>n$ 时一般不能确定严格的满足全部 m 个方程的方程组(4-43)的 θ 的值。因为随机测量噪声模型误差，或两者的组合可能使数据变的复杂化。因此，可供选择的方法就是在最小误差平方的基础上来确定 θ。

我们定义误差向量 $e=(e_1,e_2,\cdots\cdots e_m)^T$ 且令

$$e=y-X\theta \tag{4-45}$$

我们选择 θ 的原则就是使得准则 E 有如下条件

$$E=e^T e$$

当 E 趋于最小值，即在 E 最小的情况下来确定向量 θ 的值。

因为我们定义了 $e=y-X\theta$ 将其代入 E 中可得

$$\begin{aligned} E &= (y-X\theta)^T(y-X\theta) \\ &= (y^T-\theta^T X^T)(y-X\theta) \\ &= y^T y - y^T X\theta - \theta^T X^T y + \theta^T X^T\theta \end{aligned} \tag{4-46}$$

观察上式我们可以发现其中向量 y 与矩阵 X 是通过测量得到的，是已知的，于是我们可把 E 看作 θ 的函数。为了使 E 获得一个最小值（既一个极值），由高等数学的知识可对 θ 求导，并令求导的结果等于零，此时解出 θ，便符合了最小平方误差的基础上确定 θ

$$\left.\frac{\partial E}{\partial \theta}\right|_{\theta=\hat{\theta}} = -2X^T y + 2X^T X\hat{\theta} = 0 \tag{4-47}$$

这就使我们得到：

$$X^T X\hat{\theta} = X^T y \tag{4-48}$$

根据该式，$\hat{\theta}$ 能按下式求解

$$\hat{\theta} = (X^T X)^{-1} X^T y \tag{4-49}$$

这个结果称为 θ 的最小二乘估计(LSE)。在统计文献里，方程(4-49)叫做正规方程，而 e 称为残差。

(2) 最小二乘法估计量的统计特性

最小二乘法是众多估计方法的一种，于是便存在一个最小二乘法与其他众多估计方法的比较问题。这一节我们将检验一下上面推导的最小二乘法的品质。对于同一参数，用不同的估计方法求出的估计量可能不相同，这在数理统计中有着非常多的例子。

很明显,原则上任何估计方法或统计量都可以作为未知参数的估计量。我们自然会问采用哪一种方法得到的估计量最好呢?这就涉及到用什么样的标准来评价估计量的问题。

(3) 序贯最小二乘估计

当我们设计出一个预测系统,运用其进行工作时,随着时间的推移,这个系统将会愈发显得陈旧,因为时间越远,数据之间的关联程度就越小,它不能永远有效的工作。因此我们必须将新的数据补充到这个系统之中,即当得到新的实验数据时,利用这些新的信息来改善我们的预测系数值。但这存在一个问题,如果用补充新数据到矩阵 X 的方式,将使得我们必须重复计算方程(4-49)的矩阵逆,而该方程的矩阵求逆是非常费时间的,尤其在用软件仿真时,又要耗费大量的内存。这一节我们将推导方程(4-49)中基本最小二乘法的递推算法。这显然是很必要的,递推解法步骤往往称为序贯估计或在线估计。

由前面一节可知,向量方程(4-44)由 m 个方程的方程组所组成。把 m 作为一个下标引入方程(4-44)中的 y 和 X。我们得到

$$y_m = X_m\theta \qquad (4-50)$$

此外,把方程(4-49)中的 $\hat{\theta}$ 表示成 $\hat{\theta}(m)$

$$\hat{\theta}(m) = (X_m^T X_m)^{-1} X_m^T y_m \qquad (4-51)$$

假定我们已经获得一个新的方程,第$(m+1)$次为

$$y(m+1) = \theta_1 x_1(m+1) + \theta_2 x_2(m+1) + \cdots\cdots + \theta_n x_n(m+1)$$

定义:

$$X^T(m+1) = [x_1(m+1), x_2(m+1), \cdots\cdots, x_n(m+1)]$$

我们于是得到

$$y(m+1) = X^T(m+1)\theta \qquad (4-52)$$

现在 $m+1$ 个方程的系统能够写成

$$y_{m+1} = X^T(m+1)\theta \qquad (4-53)$$

其中

$$y_{m+1} = \begin{bmatrix} y(m) \\ y(m+1) \end{bmatrix} \begin{matrix} y(1) \\ \cdots \end{matrix} = \begin{bmatrix} \cdots\cdots \\ y(m+1) \end{bmatrix} y(m) \qquad (4-54)$$

$$X_{m+1} = \begin{bmatrix} x_1(1), \cdots\cdots, x_n(1) \\ \cdots\cdots \\ x_1(m), \cdots\cdots, x_n(m) \\ \cdots\cdots \\ x_1(m+1), \cdots\cdots, x_n(m+1) \end{bmatrix} = \begin{bmatrix} x_m \\ x^T(m+1) \end{bmatrix} \qquad (4-55)$$

新的最小二乘估计量是

$$\hat{\theta}(m+1)=(X_{m+1}^T X_{m+1})^{-1}X_{m+1}^T y_{m+1} \tag{4-56}$$

显然为获得 $\hat{\theta}(m+1)$，我们必须对 $n \times n$ 矩阵求逆。这里明显的问题是，我们是否能通简单的修正以前的估计值 $\hat{\theta}(m)$ 来计算 $\hat{\theta}(m+1)$，而不必计算矩阵的逆。回答是肯定的，我们接下来就要讨论一下修正算法。

首先我们指出一下十分有名的矩阵求逆引理。

令 A, C 和 $A+BCD$ 是非奇异方阵；则下列恒等式成立

$$(A+BCD)^{-1}=A^{-1}-A^{-1}B(C^{-1}+DA^{-1}B)^{-1}DA^{-1} \tag{4-57}$$

定义矩阵 $p(m)$ 为

$$p(m)=(X_m^T X_m)^{-1} \tag{4-58}$$

因此

$$p(m+1)=(X_{m+1}^T X_{m+1})^{-1} \tag{4-59}$$

将方程(4-44)代入上式，并应用矩阵求逆引理，则 $p(m+1)$ 能改写为下式

$$
\begin{aligned}
p(m+1) &= [p^{-1}(m)+x(m+1)x^T(m+1)]^{-1}\\
&= p(m)-p(m)x(m+1)[1+x^T(m+1)p(m)x(m+1)]^{-1}\cdot x^T(m+1)p(m)
\end{aligned} \tag{4-60}
$$

考虑到(4-45)，我们可以看出

$$
\begin{aligned}
\hat{\theta}(m+1) &= p(m+1)[X_m^T y_m+x(m+1)y(m+1)]\\
&= p(m)X_m^T y_m-p(m)x(m+1)[1+X^T(m+1)\\
&\quad \cdot p(m)x(m+1)]^{-1}\cdot x^T(m+1)p(m)X_m^T y_m\\
&\quad +p(m)x(m+1)y(m+1)-p(m)x(m+1)\\
&\quad \cdot [1+x^T(m+1)p(m)x(m+1)]^{-1}\\
&\quad \cdot x^T(m+1)p(m)x(m+1)y(m+1)
\end{aligned}
$$

我们可以把后两项重新整理成下列形式

$$
\begin{aligned}
&p(m)x(m+1)[1+x^T(m+1)p(m)x(m+1)]^{-1}\\
&\cdot [1+x^T(m+1)p(m)x(m+1)-x^T(m+1)p(m)x(m+1)]y(m+1)\\
&= p(m)x(m+1)[1+x^T(m+1)p(m)x(m+1)]^{-1}y(m+1)
\end{aligned}
$$

但是我们从方程(4-51)和(4-58)辨认出

$$\hat{\theta}(m)=p(m)x_m^T y_m \tag{4-61}$$

因而 $\hat{\theta}(m+1)$ 就就能简化为下列形式

$$
\begin{aligned}
\hat{\theta}(m+1) &= \hat{\theta}(m)+p(m)x(m+1)\\
&\quad \cdot [1+x^T(m+1)p(m)x(m+1)]^{-1}\\
&\quad \cdot [y(m+1)-x^T(m+1)\hat{\theta}(m)]
\end{aligned} \tag{4-62}
$$

上述结果简明地显示出新的估计值通过老的估计值加上一个修正值项而给出。修正值项中的矩阵 $p(m)$ 可以根据方程(4-60)的递推公式不断更新。显然在两个公式中我们已完全消除了矩阵求逆的必要性(我们注意到 $[1+x^T(m+1)p(m)x(m+1)]$ 该项

是一个标量),因此更新估计值 $\hat{\theta}$ 的计算效率得到强有力的改进。

递推方程(4-62)有着非常强的直观魅力。我们注意到修正值项与 $y(m+1)-x^T(m+1)\hat{\theta}(m)$ 成比例,该数量代表以前的估计值 $\hat{\theta}(m)$ 对于新数据 $y(m+1)$ 和 $x^T(m+1)$ 的拟合误差。在 $\hat{\theta}(m)$ 的修正值中,向量 $p(m)x(m+1)\cdot[1+x^T(m+1)p(m)x(m+1)]^{-1}$ 确定拟合误差怎样加权。另一个有趣的事实是能够显示出 $p(m)$ 与方程 $\Psi=\sigma^2(X^TX)^{-1}$ 定义的误差协方差矩阵有关。这种关系表示为 $p(m)=\Psi(m)/\sigma^2$,这意味着 $p(m)$ 是在各个 m 值时误差协方差的直接测度。正如我们在 $\lim\limits_{m\to\infty}\Psi=\lim\limits_{m\to\infty}\dfrac{\sigma^2}{m}\left(\dfrac{1}{m}X^TX\right)^{-1}=0$ 中已表示的那样,在极限情况下 $m\to\infty$,$p(m)=0$。

至此,我们完成了对系统辨识及最小二乘法的讨论。

4.4.5 应用 MATLAB 实现线性预测

1. 程序流程图

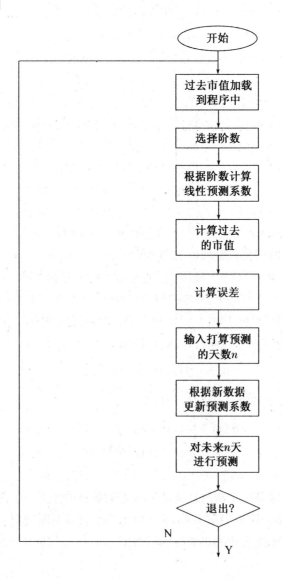

2. 程序说明

b=[7.75 7.37 6.60 6.48 6.71 6.92 6.97 6.96 6.79 6.88 …
7.27 7.38 7.36 7.36 7.10 7.14 7.07 6.95 7.28 6.96 …
7.43 8.06 8.12 8.35 8.48 8.48 8.40 8.53 8.87 8.92 …
8.88 8.79 8.65 8.27 8.39 8.45 8.24 8.88 8.79 8.65 …
8.27 8.39 8.45 8.24 8.88 8.87 8.92 9.00 9.09 8.97 …
8.98 9.38 9.45 9.29 9.18 9.10 8.95 8.93 8.50 8.33 …
8.28 8.48 8.78 9.22 9.08 9.05 8.95 8.60 8.50 8.48 …
8.55 8.57 8.53 8.42 8.79 8.85 8.40 8.40 8.79 8.95 …
8.80 9.15 9.12 9.38 9.31 9.25 9.11 9.49 9.68 9.20 …
8.86 9.00 8.82 9.00 8.72 8.54 8.87 9.19 8.95 9.11 …
9.57 10.05 9.48 9.50 9.37 8.95 9.17 9.54 9.40 9.03 …
9.38 9.85 9.80 9.60 9.92 10.42 9.66 9.88 9.86 9.50 …
9.20 9.56 9.68 9.52 9.42 9.18 9.08 9.20 8.99 8.80 …
8.85 9.08 9.31 9.10 9.47 9.75 9.75 9.88 9.70 9.70 …
10.09 9.79 9.50 9.48 9.27 9.48 9.39 9.42 9.70 9.62 …
9.66 9.65 9.50 9.88 9.80 9.78 9.65 9.49 9.50 9.30 …
9.50 9.45 9.58 9.78 9.40 9.37 9.47 9.40 9.29 9.30 …
9.30 9.15 9.19 9.26 9.26 9.14 9.29 9.39 9.17 9.01 …
8.88 8.96 8.90 8.84 9.10 8.86 9.15 9.50 9.30 9.67 …
9.97 9.75 9.79 9.66 10.01 10.43 9.87 9.74 9.75 9.98 …
9.70 9.60 9.59 9.95 10.10 10.20 10.19 10.10 10.15 …
10.62 10.78 10.98 10.75 10.98 10.94 10.58 10.75 10.62…
10.68 10.78 10.66 10.49 10.44 10.08 9.87 9.86 9.75 …
10.06 10.19 10.19 10.38 10.19 9.80 9.30 9.19 9.12 …
9.05 9.25 9.41 9.40 9.61 9.71 9.91 9.61 9.26 9.20 …
9.20 9.20 9.42 9.28 9.66 10.09 9.89 10.24 10.10 9.70 …
9.95 10.45 10.97 11.52 12.10 12.71 13.35 14.02 12.05 …
12.65 12.30 12.39 13.00 12.89 12.99 13.64 13.68 12.87 …
12.20 12.27 13.50 14.85 16.34 17.97 19.77 18.28 16.77 …
17.30 16.50 16.40 16.00 17.10 17.30 16.82 16.88 16.45 …
16.85 16.50 16.80 16.56 16.48 16.30 17.18 17.79 17.09 …
16.50 15.88 15.58 15.35 15.12 15.40 15.37 15.50 16.19 …
16.20 16.20 15.80 15.80 16.00 16.48 17.35 17.45 18.22 …
19.48 18.00 18.30 18.00 18.00 17.60 17.49 17.33 17.49 …
17.40 17.00 17.78 17.39 17.36 17.79 17.98 17.59 17.98 …
17.80 17.00 15.51 15.15 15.98 16.00 15.90 15.70 15.40 …
15.50 15.30 15.10 14.94 15.01 15.33 15.10 15.25 15.30 …

15.43 15.48 15.45 16.47 16.00 16.38 16.48 16.25 16.20 …
15.91 15.88 15.95 16.00 15.85 16.25 16.78 16.58 16.30 …
16.45 16.29 16.30 15.80 15.95 16.30 16.40 17.30 17.50 …
17.25 17.00 17.05 17.36 16.98 16.98 17.49 17.78 17.39 …
17.88 17.95 18.30 18.42 18.15 17.10 17.32 17.58 17.42 …
18.28 17.99 18.48 20.06 20.84 20.10 19.85 20.05 20.17 …
19.18 19.00 18.96 18.90 18.89 19.80 19.72 19.23 19.41 …
19.30 19.25 19.25 19.80 19.65 19.60 19.45 19.18 19.25 …
19.79 19.67 19.90 19.77 19.19 19.30 19.45 18.58 18.55 …
18.45 18.30 18.24 18.08 18.35 18.09 18.30 18.20 18.20 …
18.58 18.64 18.47 18.28 18.01 18.00 18.07 18.30 18.24 …
18.12 18.28 18.85 18.80 18.85 18.90 18.75 18.54 18.63 …
18.54 18.18 18.05 18.05 18.30 18.04 17.34 17.08 17.00 …
17.45 17.36 16.98 17.00 16.95 16.20 16.25 16.10 15.65 …
15.90 15.68 15.81 15.95 15.40 15.30 14.68 14.35 14.69 …
14.72 15.20 15.60 15.65 15.74 15.90 15.99 16.00 16.49 …
16.58 16.65 16.74 16.60 16.15 16.10 16.15 16.50 16.79 …
16.98 16.98 16.85 16.97 16.89 16.95 17.10 17.04 16.63 …
16.56 16.91 18.43];

以上为从股市上得到的在 520 天内一只股票的市值,我们将根据这 520 个数据计算线性预测系数,并进而对未来值进行预测。首先将该数据存到文件 DATA 之中。

在程序的主要部分,用一个 for 循环和一个 while 循环来实现程序功能的重复使用。输入 1 为继续,输入 2 为退出。如程序所示。

```
for p2=3:12
p1=input('继续请按 1,退出请按 2.请选择:');
while p1==1
b=input('请输入股票过去 520 天的市值 ');
```
* 数据 b 保存在数据文件 DATA 中。
```
k=input('请输入阶数:');
```
* 在此,通过阶数的选择,我们可以对比不同阶数,其性能的优劣。
```
K
```
* 屏幕回显阶数。
```
figure;
plot(b);
title('股票在坐标走势图 ');
xlabel('n');
ylabel('股票市值 ');
grid on;
```

```
figure
semilogx(b);
title('股票在半对数坐标走势图')
xlabel('log(n)');
ylabel('股票市值');
grid on;
```

※ 以上为在线性坐标和半对数坐标中分别显示该股票在过去的走势。

```
h=[b((521-k):520)];
```

※ 以下为在不同的阶数下,所需要的求解预测系数时的矩阵 XC,这里我们是通过比较 XC 的行标与输入的阶数是否相等来选择 XC 矩阵的。

```
XC3=[b(1:517);
    b(2:518);
    b(3:519)];
[xl,yl]=size(XC3);
if xl==k
    XC=XC3;
end
XC4=[b(1:516);
    b(2:517);
    b(3:518);
    b(4:519)];
[xl,yl]=size(XC4);
if xl==k
    XC=XC4;
end

XC5=[b(1:515);
    b(2:516);
    b(3:517);
    b(4:518);
    b(5:519)];
[xl,yl]=size(XC5);
if xl==k
    XC=XC5;
end
```

```
XC6=[b(1:514);
    b(2:515);
    b(3:516);
    b(4:517);
    b(5:518);
    b(6:519)];
[xl,yl]=size(XC6);
if xl==k
    XC=XC6;
end

XC7=[b(1:513);
    b(2:514);
    b(3:515);
    b(4:516);
    b(5:517);
    b(6:518);
    b(7:519)];
[xl,yl]=size(XC7);
if xl==k
    XC=XC7;
end

XC8=[b(1:512);
    b(2:513);
    b(3:514);
    b(4:515);
    b(5:516);
    b(6:517);
    b(7:518);
    b(8:519)];
[xl,yl]=size(XC8);
if xl==k
    XC=XC8;
end

XC9=[b(1:511);
    b(2:512);
```

```
      b(3:513);
      b(4:514);
      b(5:515);
      b(6:516);
      b(7:517);
      b(8:518);
      b(9:519)];
[xl,yl]=size(XC9);
if xl==k
   XC=XC9;
end

XC10=[b(1:510);
   b(2:511);
   b(3:512);
   b(4:513);
   b(5:514);
   b(6:515);
   b(7:516);
   b(8:517);
   b(9:518);
   b(10:519)];
[xl,yl]=size(XC10);
if xl==k
   XC=XC10;
end

XC11=[b(1:509);
   b(2:510);
   b(3:511);
   b(4:512);
   b(5:513);
   b(6:514);
   b(7:515);
   b(8:516);
   b(9:517);
   b(10:518);
   b(11:519)];
```

```
[xl,yl]=size(XC11);
if xl==k
    XC=XC11;
end

XC12=[b(1:508);
    b(2:509);
    b(3:510);
    b(4:511);
    b(5:512);
    b(6:513);
    b(7:514);
    b(8:515);
    b(9:516);
    b(10:517);
    b(11:518);
    b(12:519)];
[xl,yl]=size(XC12);
if xl==k
    XC=XC12;
end
```

＊以上包含了从3阶到12阶线性预测器所需的XC矩阵。

`X=XC';`

＊将XC转秩得到X矩阵,而X矩阵正是我们在计算预测系数直接用到的。

`xs=[b((k+1):520)];`

`x=xs';`

＊以上得到计算预测系数所需的x向量。

`p=XC*X;`

`p1=inv(p);`

＊求解p同时也是为了在递推最小二乘法中求解预测系数

`a=p1*XC*x;`

＊＊＊根据公式(4-49),并用我们已求得的矩阵p1,XC和向量x解得线性预测系数。

```
c(1:8)=0;
for tt=1:k
    c(tt)=a(k+1-tt);
```

```
end
```

　　*将预测系数进行反置,我们将得到线性预测器的单位冲激响应,同时也是为了验证卷积与直接用矩阵计算预测值相等。

```
res＝conv(c,b);
```

　　*通过卷积得到对过去市值的预测。

```
figure;
bar(c,0.01);
title(' 预测系统的频率响应 ')
xlabel('n');
```

　　*将系统的单位冲激响应在图形上显示。

```
res＝res(k:519);
```

　　*对卷积结果去掉前 k-1 个和后 k 个,得到了对 x 向量的预测值。

```
figure;
plot(res,'r');
title('卷积法得到的预测值')
grid on;
```

　　*将卷积结果在图形上显示。

```
xhat(1:(520-k))＝0;
for i＝1:(520-k)
    xhat(i)＝X(i,:)*a;
end
figure;
plot(xhat);
title(' 对过去市值的预测 ');
xlabel('n');
ylabel(' 预测市值 ');
hold on;
plot(b(9:512),'r');
grid on;
figure;
semilogx(xhat);
```

　　*以上是通过矩阵直接计算得到的对 x 的预测值。并在图形上显示,所得的结果与卷积的得到的结果一样。从而论证了我们设计的预测器是一个可以求得脉冲响应的系统.

　　*当求得预测值后,与实际值进行比较,计算误差。并在图形中显示出来 b。下列程序段便是完成这一功能. 之后,我们在将误差值的平方累加,求得总的均方误差。由于这个程序可以在不同的阶数下求解预测系数和均方误差,因此我们可以对不同阶数的系统进行比较,会发现当阶数 p 增大到某一值时均方误差基本不再减小。

```
ee(1:(520-k))=0;
for j=1:(520-k)
    ee(j)=xs(j)-xhat(j);
end
figure;
bar(abs(ee));
title('预测值与实际值的误差')
xlabel('n');
ylabel('误差值')
grid on;

e=0;
for t=1:500
    e=ee(t)*ee(t)+e;
end
e
EE=aa'*X'*X*aa+aa'*X'*x+x'*X*aa+x'*x
yn=h*a;
```

*我们的目的并不是仅仅求解一下均方误差,也不是对已知的数据进行预测,而是要对未知的数据进行预测. 我们在预测时应用了递推最小二乘法,随时利用新数据来更新预测系数。

```
dn=input('你想预测未来多少天的股票市值,请输入 dn=')
kk(1:dn)=0;
nn(1:dn)=0;
```

设两个向量 kk 和 nn,其中 kk 是装载对以后几天的预测值,而 nn 是装载以后几天的实际值。

```
for m=1:dn
    p1=X'*X;
p=inv(p1);
xn=input('请输入下一天的股票市值');
nn(m)=xn;
h=[h(2:k),xn];
hn=h';
an=a+p*hn.*(xn-hn'*a)./(1+hn'*p*hn);
```

***以上公式便是我们推导的递推最小二乘法. 在原来预测系数 a 的基础上再

加上一个因子,而这个因子是一个标量,很明显避免了重复计算矩阵的逆,从而节省了时间和资源。

```
yn＝h * an；
kk(m)＝yn；
a＝an；
end
figure
hold on；
plot(nn,'r')；
plot(kk,'g')；
end
```

＊如果我们不再进行预测,利用下面的 if 语句中的 break 可以跳出本程序。

```
if p1＝＝2
    break；
end
end
```

附图:

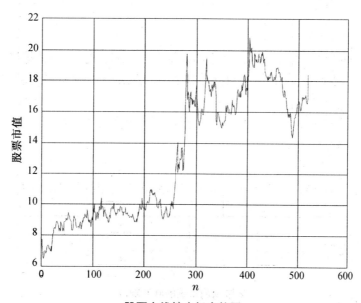

股票在线性坐标走势图

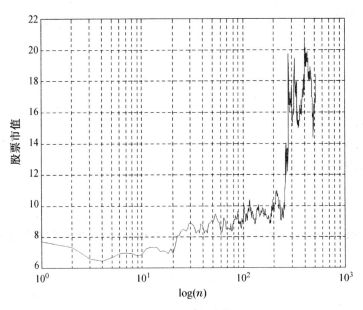

股票在半对数坐标走势图

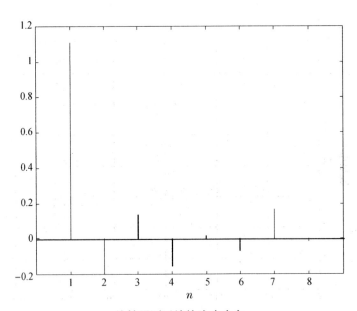

线性预测系统的脉冲响应

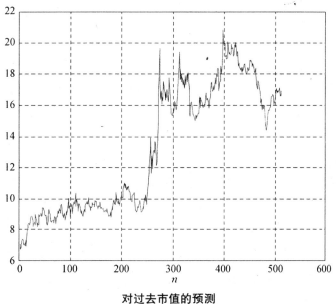

对过去市值的预测

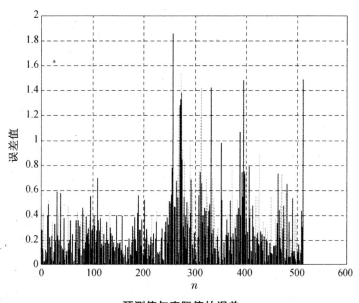

预测值与实际值的误差

由预测值与实际值的误差图知,误差值最大不超过 2。大多数情况低于 0.2,甚至更小。

4.4.6 设计报告要求

1. 简述设计原理。

2. 设计思路。

3. 程序清单、运行参数、运行结果(包括图形与数据)。

4. 简述调试过程,分析设计与调试中发生的问题与解决的方法。

5. 心得体会,意见与要求。